Marion Hitzeroth

Institutionelle Kooperationsprobleme auf den Strommärkten in Südosteuropa

Simulation von Liberalisierungs- und Integrationseffekten

Regionalwissenschaftliche Forschungen
Regional Science Research

34

Eine Übersicht über alle bisher in dieser Schriftenreihe erschienenen Bände
finden Sie am Ende des Buchs.

Institutionelle Kooperationsprobleme auf den Strommärkten in Südosteuropa

Simulation von Liberalisierungs- und Integrationseffekten

Marion Hitzeroth

Überarbeitete Fassung der Dissertation u. d. T.
„Simulation der Auswirkungen eines liberalisierten und integrierten Strommarktes unter
Berücksichtigung von institutionellen Kooperationsproblemen am Beispiel Südosteuropas"

Karlsruher Institut für Technologie (KIT)
Fakultät für Bauingenieur-, Geo- und Umweltwissenschaften, 2012

Umschlagfoto
Wärmekraftwerk
Maritsa Iztok 2 in Bulgarien,
circlephoto

Impressum
Karlsruher Institut für Technologie (KIT)
KIT Scientific Publishing
Straße am Forum 2
D-76131 Karlsruhe
www.ksp.kit.edu

KIT – Universität des Landes Baden-Württemberg und nationales
Forschungszentrum in der Helmholtz-Gemeinschaft

KIT Scientific Publishing 2012
Print on Demand

ISSN 1863-1835
ISBN 978-3-86644-841-4

Danksagung

Die Fertigstellung der vorliegenden Arbeit wäre nicht möglich gewesen, wenn mich nicht eine Vielzahl von Menschen während dieser Zeit unterstützt hätten.

Als erstes gilt mein Dank meinem Doktorvater Herrn Prof. Dr. Joachim Vogt, der mich fachlich begleitet hat und mir an wichtigen Punkten meiner Arbeit unschätzbare und richtungsweisende Impulse und Kritik geben konnte.

Bedanken möchte ich mich auch bei Frau Prof. Dr. Caroline Kramer, die freundlicherweise das Koreferat übernommen hat. Wertvolle Hinweise und Anregungen bekam ich auch von Herrn Prof. Dr. Karl-Martin Erhart.

Ein besonderer Dank gilt Herrn Dr. Patrick Jochem und Frau Ulrike Sturm für die konstruktive Diskussion über meine Arbeit sowie Frau Gundula Marks und Herrn Thomas Weber für die wertvolle Unterstützung bei Übersetzung und Korrekturen.

Außerdem möchte ich mich bei allen Doktoranden des Instituts für Regionalwissenschaft bedanken, die mir bei vielen Gelegenheiten wichtige Hinweise und Unterstützung gegeben haben und bei allen Mitarbeitern des Instituts für Regionalwissenschaft, die mir es erleichtert haben, diese Arbeit zu schreiben.

Nicht zuletzt möchte ich mich bei meiner Familie für ihre Geduld und ihr Verständnis während der Zeit der Fertigstellung dieser Arbeit bedanken. Ohne den moralischen Rückhalt sowie die konkrete Unterstützung meines Mannes sowie seiner als auch meiner Eltern hätte ich diese Arbeit nicht beenden können. Meine beiden Kinder schließlich haben ihr größtmögliches Verständnis für meine Arbeit aufgebracht, wofür ich ihnen sehr dankbar bin.

Karlsruhe, im Dezember 2012

Marion Hitzeroth

Inhaltsverzeichnis

Abbildungsverzeichnis

Tabellenverzeichnis

Abkürzungsverzeichnis

BiH	Bosnien und Herzegowina
BIP	Bruttoinlandsprodukt
CEER	Council of European Energy Regulators
CEFTA	Central European Free Trade Agreement
CES	Constant Elasticity of Subsitution
CIDA	Canadian International Development Agency
DSO	Distribution System Operator
EBRD	European Bank for Reconstruction and Development
EC	European Commission
ECRB	Energy Community Regulator Board
ECS	Energy Community Secretariat
EFET	European Federation of Energy Traders
ENTSO-E	European Network of Transmission System Operators for Electricity
EPSU	European Federation of Public Service Unions
ERGEG	European Regulators Group for Electricity and Gas
ETSO	European Transmission System Operators
EU	Europäische Union
GAMS	General Algebraic Modelling System
GIS	General Investment Study
GW/GWh	Gigawatt/Gigawattstunden
HHI	Hirshmann-Herfindahl-Index
IEA	International Energy Agency
ISO	Independent System Operator
KKT	Karush-Kuhn-Tucker (Bedingungen)
kv	kilovolt
MCP	Mixed Complementarity Problem
MW/MWh	Megawatt/Megawattstunden
NGO	Non-Governmental Organisation
NTC	Net Transfer Capacity
OECD	Organisation for Economic Co-operation and Development
PHLG	Permanent Highlevel Group
PDTF	Power Transfer Distribution Factor
RCC	Regional Cooperation Council
SECI	Southeast Cooperative Initiative
SHS	Königreich Serbien, Kroatien und Slowenien
STROMSOE	STROMmarktmodell für SüdOstEuropa
TSO	Transmission System Operator
TWh	Terrawattstunden
UCTE	Union for the Co-ordination of Transmission of Electricity
UNMIK	United Nations Mission for Kosovo
USAID	United States Agency for International Development

1   Einleitung

Die Liberalisierung der Strommärkte und die Integration zu „regionalen" gemeinsamen Strommärkten sind seit den 1980er Jahren ein Politiktrend. Dabei besteht die Frage, ob tatsächlich die ehemaligen Staatsmonopole aufgebrochen werden können und sich ein freier Wettbewerb einstellen kann. Was passiert in dem ebenso möglichen Fall des strategischen Verhaltens von marktbeherrschenden Unternehmen? Unter welchen Bedingungen kann ein gemeinsamer Strommarkt entwickelt werden?

Zahlreiche theoretische Überlegungen und Simulationsmodelle der Energie- bzw. Strommärkte in den Wirtschaftswissenschaften haben sich mit Fällen strategischen Verhaltens auseinandergesetzt (Ventosa 2005). In diesem Zusammenhang wurden auch unterschiedliche rechtliche Ausgestaltungen sowie verschiedene Organisationsformen untersucht. Für einen gemeinsamen Markt ist es notwendig, dass diese Rahmenbedingungen möglichst einheitlich sind. Der Strommarkt ist ein kompliziert strukturierter Markt. Ist es auf diesem Markt realistisch, dass sich mehrere Länder auf gemeinsame Regelungen einigen können? Wie wirkt es sich aus, wenn Länder in dieser Hinsicht nicht kooperieren?

Ohne diese Kooperation kann kein gemeinsamer institutioneller Rahmen und somit kein gemeinsamer Markt entstehen. Solche Aspekte sind bisher in den wirtschaftswissenschaftlichen Strommarktmodellen nicht berücksichtigt worden. Die vorliegende Arbeit beschäftigt sich deshalb damit, ob und wie diese Kooperationsprobleme in einem quantitativen Simulationsmodell thematisiert werden können.

Als Untersuchungsgebiet für diese Fragestellung eignen sich aufgrund der dortigen wirtschaftlichen, politischen und kulturellen Bedingungen besonders die Länder Südosteuropas. In neun Ländern dieser Region soll nach dem Vorbild der Europäischen Union (EU) ein gemeinsamer liberalisierter Strommarkt – die Energy Community – aufgebaut werden. Im Gegensatz zur EU sind die Voraussetzungen dafür ungleich schwieriger: Auf der einen Seite verbindet die Länder Südosteuropas eine jahrhundertelange gemeinsame Geschichte der Fremdherrschaft unter dem Osmanischen bzw. Habsburger Reich und eine darin begründete ethnische Vielfalt. Die Länder Südosteuropa waren zudem alle – wenn auch in unterschiedlichen Ausprägungen – Teil des Ostblocks. Nach der Wende kam es im Spannungsfeld zwischen neu entstehenden Nationalstaaten und der ethnischen Vielfalt zu verschiedenen Kriegen auf dem Gebiet des ehemaligen Jugoslawiens, die sich auf die ganze Region auswirkten.

Die kriegsbedingten Zerstörungen der Infrastruktur der Strommärkte, die Kriegstraumatisierung mehrerer Generationen sowie die Transformation der ehemals planwirtschaftlichen Wirtschaftssysteme führen dazu, dass auf den dortigen Strommärkten andere Bedingungen herrschen als in der EU. Die Kraftwerkskapazitäten sind veraltet und können großteils nicht ausgenutzt werden, die Übertragungskapazitäten sind nach ihrer Zerstörung zwar wieder aufgebaut worden, sind aber v.a. im Hinblick auf zukünftige Nachfrage nicht ausreichend. Die Strompreise sind reguliert und liegen im Gegensatz zur EU unter dem Grenzkostenniveau. In dieser Situation ist der Aufbau eines gemeinsamen, liberalisierten Marktes besonders schwierig, auch weil nach einer Reform mit steigenden Strompreisen zu rechnen ist.

In der vorliegenden Arbeit sollen deshalb folgende Fragen beantwortet werden:

- Welche geschichtlichen, politischen, institutionellen und wirtschaftlichen Probleme führen zu den Kooperationsproblemen in der Region, die für den Aufbau eines gemeinsamen Strommarktes relevant sind?

- Wie lassen sich die Auswirkungen der Kooperationsprobleme auf die Strommärkte in Südosteuropa in einem Marktmodell darstellen?

- Ist das Modell mit einer geeigneten Parametrisierung zu lösen und sind die Auswirkungen der „Energy Community" abschätzbar?

- Wie ist die eingesetzte Methode zur Berücksichtigung von Kooperationsproblemen zu bewerten?

Zur Beantwortung dieser Fragestellungen sollen zunächst (Kapitel 2) die verwendeten Methoden diskutiert werden. Als Einstieg in das Thema folgt danach (Kapitel 3) ein Überblick über die Begriffe der Liberalisierung und Integration sowie die Energiepolitik der EU – insbesondere in Südosteuropa. In Kapitel 4 werden die geschichtlichen, institutionellen und wirtschaftlichen Voraussetzungen in der Region beschrieben, die für das Verständnis der Kooperationsprobleme besonders relevant sind.

Um den institutionellen Kooperationsbedarf abschätzen zu können, wird in Kapitel 5 der Stand der bisherigen Reformen auf den Strommärkten in Südosteuropa erläutert. Außerdem kann auf diese Weise eingeschätzt werden, ob es auf den Strommärkten zu eingeschränktem Wettbewerb kommen wird.

Anhand dieser Informationen kann in einer einfachen Akteursanalyse ein erstes – qualitatives – Modell entwickelt werden, in dem die Zusammenhänge zwischen den Akteuren und vermutete Auswirkungen auf die Strommärkte qualitativ beschrieben werden (Kapitel 6). Aus dieser Analyse ergibt sich der Datenbedarf für ein quantitatives Modell, der in Kapitel 7 „Parametrisierung" entwickelt wird. Insbesondere geht es dabei auch um die Möglichkeit der modelltauglichen Darstellung der Kooperationsprobleme.

Schließlich wird in Kapitel 8 das quantitative Modell hergeleitet, in dem die Auswirkungen der Energy Community unter verschiedenen Wettbewerbs- und Kooperationsszenarien simuliert werden. Die Ergebnisse werden dann in Kapitel 9 dargestellt und abschließend methodisch sowie inhaltlich diskutiert (Kapitel 10).

2 Methodendiskussion

Nach der Beschreibung der Problem- sowie der Fragestellungen in Kapitel 1 stellt sich die Frage, welche Anforderungen an eine Methode sich daraus für die Modellbildung bzw. Simulation von Liberalisierung und Integration der Strommärkte in Südosteuropa ergeben.

Um die möglichen Kooperationsprobleme auf dem Strommarkt in Südosteuropa zu identifizieren, ist es notwendig, die Akteure und deren Aktionen bzw. Interessen auf dem Strommarkt in Südosteuropa zu verstehen und zu beschreiben. Eine weitere Anforderung besteht darin, dass anhand der Methode die Auswirkungen der Liberalisierung bzw. Integration unter verschiedenen Wettbewerbsbedingungen und unter Einbeziehung der interregionalen Kooperationsprobleme abschätzbar sein sollen. Für dieses Problem bietet sich die Modellierung und Simulation eines quantitativen Modells an.

Die Möglichkeiten und Grenzen der Modellbildung sowie Simulation in einer sozialwissenschaftlichen Fragestellung werden im Folgenden analysiert. Zusammen mit der Analyse der bisherigen wissenschaftlichen Arbeiten zu ähnlichen Fragestellungen ergeben sich daraus notwendige Methodenerweiterungen für diese Arbeit.

2.1 Sozialwissenschaftliche Modelle

Ein Modell ist ein vereinfachtes zielgerichtetes Abbild eines konstruktivistisch wahrgenommenen Urbilds, der so genannten Realität, oder dessen, was der Wissenschaftler als Realität wahrnimmt. Wenn zwischen Urbild und Abbild hinsichtlich der Struktur und Funktion eine ausreichende Ähnlichkeit besteht, dann lassen sich aus dem Modell Erkenntnisse für das Verständnis der Wirklichkeit ableiten (Bandte 2007).

Modelle können formal, aber auch verbal dargestellt werden, wobei der Vorteil der verbalen Darstellung in der größeren Variationsmöglichkeit und der Vorteil der formalen Darstellung in der größeren Genauigkeit besteht. Je nach Art der Operationalisierung kann ein Modell quantitativ oder qualitativ sein. In der Regel wird ein quantitatives Modell mit formalen Mitteln dargestellt.

Um Erkenntnisse aus einem Modell zu gewinnen, muss untersucht werden, wie sich das Modell im Zeitverlauf oder unter Annahme verschiedener Zustände verhält. Dies ist einerseits durch die Anwendung analytischer Mathematik oder mit Hilfe einer Simulation möglich. Das bedeutet, dass Teile des Modells mit Daten parametrisiert werden. Mittels geeigneter Ausgangsinformationen kann man beobachten, wie sich diese Referenzdaten unter verschiedenen Annahmen verändern (Gilbert und Troitzsch 1999). Dadurch lässt sich die Dynamik eines Modells anschaulich abbilden, während dagegen das Ergebnis einer mathematischen Analyse in dem Endzustand einer Gleichgewichtsanalyse, ausgedrückt in Differentialgleichungen, besteht (Bandte 2007).

Quantitative Modelle in den Sozialwissenschaften stellen die Beziehungen und Zusammenhänge zwischen Akteuren (Urbild) auf formalisierte Art und Weise in einem Bildbereich dar. Zur Transformation des Urbildes in einen Bildbereich werden dabei mathematische Formeln verwendet. Das Problem besteht darin, dass es bei dem Urbild eines solchen Modells um die qualitativen Beziehungen zwischen Akteuren geht. Dieses Urbild muss für ein quantitatives Modell in numerische Konzepte umgesetzt werden (Manhart 2007). Das bedeutet, dass zum einen metrische Begriffe vorausgesetzt werden, d.h. Parameter, die sich anhand einer Kardinalskala darstellen lassen. Außerdem müssen die vielfältigen qualitativen Zusammenhänge zwischen den Akteuren mit algebraischen Methoden dargestellt werden, was nur mit vereinfachenden Annahmen möglich ist.

In den Naturwissenschaften führen quantitative Beschreibungen zu einer erheblichen Steigerung der Genauigkeit und dazu, dass die Beschreibung objektiviert und die Verallgemeinerung von Aussagen vereinfacht wird (Rapoport 1980). Das Ziel der mathematischen Modellierung in der Physik liegt in der Vorhersage von Beobachtungen unter bestimmten Bedingungen. Rapoport (1980) spricht in diesem Zusammenhang von prädiktiven Modellen. In der Physik konnte der Erfolg solcher Modelle nachgewiesen werden, so dass diese Modelle als „exakt" bezeichnet werden können. Die Ergebnisse aus diesen exakten Modellen können in mathematischen – auch als normativ bezeichneten – Modellen angewendet werden, um unter bestimmten Bedingungen ein Ziel zu erreichen.

In den Sozialwissenschaften können Modelle ebenfalls normativ sein, wenn sie unter bestimmten, auch unrealistischen Annahmen Ergebnisse vorhersagen. Zwar werden auch in der Physik häufig stark idealisierte, unrealistische Annahmen getroffen. Je mehr aber diese Annahmen erfüllt werden können, umso mehr sind physikalische normative Modelle prädiktiv. In den Sozialwissenschaften kann ein normatives Modell aber nur insofern prädiktiv sein, als es z.B. vorhersagt, was für eine Entscheidung ein rational handelnder Akteur treffen würde. Das Problem besteht nun darin, dass Akteure in Wirklichkeit nicht rational handeln. Das Handeln von rationalen und nicht-rationalen Akteuren unterscheidet sich sehr stark voneinander (Rapoport 1980).

Das Problem quantitativer Modelle in den Sozialwissenschaften ist, dass in Anlehnung an die Naturwissenschaften v.a. auf quantifizierbare Begriffe und Zusammenhänge fokussiert wird, um diese falsifizieren zu können (Manhart 2007). Das bedeutet aber, dass eine erhebliche Menge an Informationen nicht berücksichtigt werden kann, da sie sich nicht oder nur unzureichend quantifizieren lässt. Dies ist darin begründet, dass Aspekte der Fragestellung metrisiert werden müssen, was nicht immer zufrieden stellend bewerkstelligt werden kann. Außerdem wäre es notwendig, dass Zusammenhänge numerisch beschrieben werden könnten (Manhart 2007).

Die Quantifizierung qualitativer Zusammenhänge ist so schwierig, weil diese mit spezifischen Prädikaten versehen werden müssen, die dann gemessen werden können. Ein solcher Vorgang wird als Metrisierung bezeichnet. Die Frage ist aber, ob man dann mit den ermittelten Indikatoren genau das misst, was man wollte (Böhme 1976).

Durch formale (mathematische) Modelle in den Sozialwissenschaften wird ein Zusammenhang isoliert dargestellt. Die formale Exaktheit kann überdecken, dass beliebige empirische Ergebnisse produziert werden. Die kausalen Zusammenhänge in einem solchen Modell können nie eindeutig bestimmt werden (Brodbeck 1998), da es immer relevante Erklärungszusammenhänge geben wird, die in der Isoliertheit eines Modells nicht vorkommen. Es besteht die Frage, ob und ggf. wie man sicherstellen kann, dass das Modell die wichtigsten Zusammenhänge erfasst.

Die Gefahr bei quantitativen Modellen besteht darin, dass ihre numerische Ergebnisse eine sichere Bestimmung von Zusammenhängen und somit die Möglichkeit von Prognosen hoher Zuverlässigkeit suggerieren. Dieser Fehlschluss beruht auf der Gleichsetzung von Modell und Wirklichkeit. Um einen Zusammenhang zu analysieren und zu verstehen, ist deshalb auch weitergehende Interpretation notwendig.

Das Ziel eines normativen Modells in den Sozialwissenschaften kann demnach nicht die Vorhersage von Ereignissen sein, sondern ein besseres Verständnis der untersuchten Zusammenhänge. Dabei ist es wichtig, dass das Modell und seine Ergebnisse von anderen nachvollzogen werden können (Rapoport 1980) und dass das Modell alle wichtigen Strukturen und Funktionen abbilden kann.

Diese Probleme werden für den Bereich der energiewirtschaftlichen Modelle in dem Modellvergleich von Neuhoff (Neuhoff et al. 2005) thematisiert. Dort zeigt sich, dass sich die Modellergebnisse bei der Veränderung bestimmter Annahmen zur Definition der Übertragungsnetzwerke zum Teil erheblich verändern. Deshalb wird davor gewarnt, die Aussagekraft der Modelle zu überschätzen und sie in ungeeigneter Weise zu verwenden. Ökonomische Modelle können kein exaktes Prognoseinstrument sein, anhand derer (z.B. mit der Anzahl zu erwartender Arbeitsloser) politische Projekte unterstützt werden sollen.

Je nach Ansatzpunkt kann ein Simulationsmodell unterschiedliche Perspektiven betrachten. Wenn die Akteure und ihre Beziehungen aggregiert sind, wird die Makroebene betrachtet, während Mikromodelle das Verhalten einzelner Akteure untersuchen. Mehrebenenmodelle versuchen, beide Modellarten miteinander zu kombinieren.

2.2 Strommarktmodelle: Stand der Forschung

Diese verschiedenen Modellansätze finden sich auch bei der Modellierung von stromwirtschaftlichen Modellen und deren Simulation, die in der energiewirtschaftlichen Forschung häufig verwendet werden. Dabei kann man unterscheiden zwischen Strommarktmodellen, die den Kraftwerkspark technisch genau abbilden und Investitionsbedarf oder notwendigen Erzeugungsmix zur Deckung der Nachfrage berechnen können, und Modellen, die auf der Makroebene die Wettbewerbssituation auf den Märkten und die Auswirkungen von verschiedenen Wettbewerbszenarien auf die Preise und Mengen darstellen. Diese Modelle sind wichtig, weil durch den Trend der Liberalisierung (siehe auch 3.1) auf den Strommärkten ein neuer Wettbewerbsdruck herrscht, auf den die Unternehmen reagieren müssen (Ventosa 2005). Anhand der Simulation von Strommarktmodellen lassen sich die Auswirkungen verschiedener Wettbewerbsszenarien abbilden.

In der Folge sollen verschiedene Typen von Simulationsmodellen betrachtet werden, die für die Strommärkte entwickelt worden sind. Diese können in Gleichgewichts- und in Agenten-basierte Modelle unterteilt werden. Gleichgewichtsmodelle können sich auf das Cournot-Gleichgewicht oder auf ein „supply-function"-Gleichgewicht berufen, wobei damit gemeint ist, ob ein Marktteilnehmer über die Menge (entspricht dem Cournot-Wettbewerb) oder über Preis und Menge („supply-function") den Markt beeinflusst. Dabei sind „supply-function"-Modelle schwieriger zu parametrisieren, auch wenn sie das Verhalten der Marktteilnehmer besser abbilden könnten. „Zwischen" diesen beiden Ansätzen gibt es noch die Ansätze der „conjectural variation", die die Vermutung der Erzeuger über zukünftige Reaktionen der Wettbewerber in Reaktionsfunktionen mit berücksichtigen (Ventosa 2005). Aber auch hier wird kritisiert, dass die Annahmen für die Reaktionsfunktionen zu beliebig sind, was v.a. in der Mehrperiodenbetrachtung zu inkonsistenten Modellen führt (Cate und Lijesen 2004).

Es hat sich herausgestellt, dass das Cournot-Modell sensibel auf die Eigenschaften der Nachfragefunktion reagiert, aber v.a. dafür geeignet ist, die Auswirkungen verschiedener Szenarien miteinander zu vergleichen (Kahn 1998). Dies ist insbesondere für die Einbeziehung verschiedener Kooperationsszenarien eine wichtige Anforderung an ein Simulationsmodell, so dass dieser Arbeit ein Cournot-Gleichgewichtsmodell zugrunde liegt.

Da die Liberalisierung und Integration auf den Strommärkten in Südosteuropa die entsprechenden Reformen in der EU zum Vorbild hat, sollen in der Folge besonders Simulationsmodelle beschrieben werden, die Länder der EU behandeln. Bigano und Proost (2003) haben beispielsweise ein dynamisches numerisches Modell zum Europäischen Energiemarkt aufgestellt, in dem ein Kosten minimieren-

der Ansatz gewählt wird und das den Einfluss des Wettbewerbsstatus auf die Durchsetzung umweltpolitischer Maßnahmen in der EU-Stromindustrie untersucht.

Das EMELIE (Electricity MarkEt Liberalisation In Europe)- Modell konzentriert sich auf die Stromerzeugung, die unter bestimmten beschränkenden Nebenbedingungen in der Produktion, im Handel, sowie bei der Emission von Treibhausgasen in einem Cournot-Modell optimiert wird. Die Netzübertragung wird nicht modelliert, sondern als exogen gegeben angenommen (Kemfert et al. 2003). Dieses Modell wurde sowohl auf ein einzelnes Land – Deutschland – angewendet (Kemfert und Kalashnikov 2002, Lise et al. 2003, Traber und Kemfert 2007), als auch auf mehrere EU-Länder (Lise und Linderhof 2004, Lise et al. 2006, Kemfert et al. 2003).

Weiterentwicklungen dieses Modells sind zum einen eine Dynamisierung der Investitionen (Lise und Krusemann 2008) sowie die Erweiterung zu dem „EMELIE-NET" Modell, in dem Netzbeschränkungen noch einmal explizit mit aufgenommen wurden (Apfelbeck et al. 2005). Investitionskapazitäten werden ebenfalls in einem „conjectural variations"-Ansatz von dem Elmar Modell berücksichtigt, allerdings in einer statischen Form (Cate und Lijesen 2004).

Das COMPETES-(COmpetition & Market Power in Electric Transmission and Energy Simulator) Modell basiert auf den Arbeiten von Hobbs und Rijkers (2004) und Hobbs et al. (2004), in denen jeder Akteur – Stromerzeuger, Übertragungsnetzbetreiber und Händler (Arbitrager) – eine eigene Zielfunktion hat und mehreren Nebenbedingungen unterliegt. Dieses „supply-function"-Modell wird auf vier Länder Nordwesteuropas angewendet. COMPETES vereinfacht dieses Modell, indem die Annahme einer Netzüberlastung weggelassen wird (Lise 2005), und erweitert es zum anderen auf 20 Länder mit einer gleichzeitigen Disaggregation der Daten (Lise und Hobbs 2005).

Das COMPETES-Modell wird in Neuhoff et al. (2005) mit zwei anderen Modellen verglichen. Dabei zeigt sich, dass in den strategischen Fällen die Annahmen über das Marktdesign äußerst kritisch bezüglich des Marktergebnisses sind.

Der zentrale Aspekt Agenten-basierter Modelle besteht darin, dass die Handlungen der Agenten, d.h. der einzelnen Akteure, als Ergebnis von Entscheidungen abgebildet werden können und dass die Agenten aus vergangenen Aktionen lernen können (Ventosa 2005). Damit haben sich beispielsweise Bower et al. (2001) beschäftigt, die in einem sich wiederholenden täglichen Markt Strategien zur Profitmaximierung entwickeln. Der Agenten-basierte Ansatz wird zwar als äußerst flexibel eingeschätzt, allerdings sind die Parametrisierung sowie die Algorithmen zur Bestimmung des Agentenverhaltens nicht immer transparent und nachvollziehbar. Wenn man diese Modelle daraufhin vereinfacht, ist dann der Unterschied zu „einfachen" Gleichgewichtsmodellen nicht mehr so eindeutig (Weidlich und Veit 2008).

In den genannten und in weiteren Strommarktmodellen wird vorwiegend die Auswirkung technischer Ausgestaltung bzw. Organisation der Strommärkte oder ein Preisrisiko aufgrund von geöffneten Märkten modelliert (Ventosa 2005). Ansatzpunkte für eine Betrachtung von Kooperationen auf den Strommarkt finden sich nur in Daxhelet und Smeers (2007). Darin wird die Notwendigkeit institutioneller Kooperationen auf einem gemeinsamen Strommarkt hervorgehoben und die Auswirkungen der Kooperation von Regulierungsbehörden gegenüber der Nicht-Kooperation modelliert. Allerdings wird auch dabei angenommen, dass die Regulierungsbehörden sich rational verhalten.

Für den Untersuchungsraum Südosteuropa wurden in einer Studie von Koriatov et al. (2004) die Vorteile der Integration des regionalen Strommarktes anhand des Modells GTMax untersucht. Allerdings wurde dort vollkommener Wettbewerb angenommen. Eine weitere Fragestellung war zudem die Bedeutung der Wasserkraft in einem zukünftigen gemeinsamen Energiemarkt. Ebenso in einem technischen Ansatz mit dem Programm „Power Systems Simulation for Engineers" wurde in der „Regional Transmission Planning Study" modelliert, wie sich der regionale Energiemarkt unter verschiedenen Bedingungen verhielte, u.a. was passieren würde, wenn größere Strommengen im System transportiert werden müssten (Hammons 2004, Bajs 2003). In einem Agenten-basierten Modell vergleichen Fekete et al. (2009) schließlich die Auswirkungen von Stromhandel auf die Strompreise in Kroatien. Allerdings ist auch dieser Ansatz technisch ausgerichtet und berücksichtigt keine Wettbewerbseinschränkungen.

2.3 Defizite bisheriger Modelle

Zunächst einmal lässt sich feststellen, dass bisher noch kein Modell für den südosteuropäischen Strommarkt entwickelt wurde, bei dem Wettbewerbsbeschränkungen angenommen wurden. Die bisherigen Modelle für eingeschränkten Wettbewerb beschäftigen sich v.a. mit der EU oder mit den USA, d.h. mit Ländern, in denen sich die Ausgangsbedingungen für die Liberalisierung und die Integration von Strommärkten stark von denjenigen in Südosteuropa unterscheiden. Dies betrifft z.B. den Zustand des Kraftwerksparks und der Netze sowie das Preisniveau, das sich derzeit bei regulierten Preisen noch unter den Grenzkosten befindet.

Weitere Defizite der bisherigen Modelle bestehen darin, dass diese nicht erklären können, wie Probleme zwischen den handelnden nicht-rationalen, d.h. nicht an gewinn- oder wohlfahrtsmaximierenden Zielen orientierten Akteuren sich auf die Marktkonstellationen und damit auf die Funktionsfähigkeit der Strommärkte auswirken können.

Diese Fragestellung ist besonders für den Untersuchungsraum „Südosteuropa" notwendig, da dort angenommen wird, dass die erheblichen, wirtschaftlich, historisch und institutionell bedingten Probleme zwischen den einzelnen Ländern zu schwerwiegenden Kooperationsproblemen führen und die Integration in einem Gesamtmarkt besonders erschweren könnten.

Da es für diese Aspekte (noch) keine quantifizierten Parameter gibt, sollen in der vorliegenden Arbeit die Kooperationsprobleme strukturiert erfasst werden und in ein quantitatives Modell eingebaut werden.

Zur Vorbereitung des quantitativen Modells sollen deshalb zunächst die relevanten Akteure und deren Zusammenhänge in einem qualitativen Modell dargestellt werden, um bestehende und zu erwartende (Kooperations-)Probleme aufzuzeigen. Da dieses Vorgehen für Aussagen über die Auswirkungen des politischen Projektes nicht ausreichend ist, sollen die Zusammenhänge danach in einem quantitativen partiellen Gleichgewichtsmodell unter Berücksichtigung des Cournot-Wettbewerbs simuliert werden.

Als Grundlage für diese Modellbildung werden im folgenden Kapitel 3 „Einführung in die Strommarktpolitik" zunächst die zugrunde liegenden theoretischen Konzepte von Liberalisierung und Integration von Strommärkten sowie deren Anwendung in Rahmen der EU-Energiepolitik beschrieben.

3 Einführung in die Strommarktpolitik

Die Stromindustrie ist gekennzeichnet von der Tatsache, dass Strom ein nur bedingt lagerfähiges Gut ist und in der Regel einen sofortigen Ausgleich von Angebot und Nachfrage erfordert. Außerdem ist der Vertrieb von Strom an ein Verteilungsnetz gebunden, das hohe Investitionen erfordert, die im Allgemeinen als „sunk costs" bezeichnet werden, d.h. Fixkosten, die als unwiederbringlich gelten. Diese Eigenschaften führen dazu, dass der Strommarkt komplex organisiert werden muss, um zu gewährleisten, dass zu jedem Zeitpunkt die notwendige Spannung im Netz aufrechterhalten wird.

Insbesondere in einem liberalisierten und integrierten Strommarkt sind die Anforderungen an die Marktorganisation hoch. Die dazugehörigen theoretischen Konzepte werden in Kapitel 3.1. näher erläutert, bevor die Strommarktpolitik der EU beschrieben wird, zu der auch die Erweiterung eines liberalisierten und integrierten Strommarktes an den EU-Außengrenzen gehört.

3.1 Liberalisierung und Integration

Liberalisierung eines Wirtschaftssektors bedeutet im Allgemeinen, dass sich der Staat aus der Kontrolle des Marktes und dem Management der Unternehmen zurückzieht und die Unternehmen in dieser Branche sich dem freien Wettbewerb stellen müssen. Damit werden eine effizientere Produktion und niedrigere Preise erwartet. Seit den 1990er Jahren besteht weltweit ein Trend zur Liberalisierung von netzgebundenen Wirtschaftssektoren, wie Telekommunikation, Eisenbahn, Post oder auch der Stromindustrie (Joskow 2006).

Die Integration von Märkten desselben Wirtschaftssektors aus verschiedenen Ländern hat zum Ziel, dass alle Handelshemmnisse, z.B. Zölle oder Handelsquoten, abgeschafft, aber auch andere unterschiedliche Gesetze und Vorschriften zur Marktorganisation harmonisiert werden. Auf diese Weise soll den Unternehmen leichter ein Zugang zu einem größeren Markt ermöglicht werden. Für die Europäische Union ist deshalb die Entwicklung von Binnenmärkten für möglichst alle Wirtschaftssektoren ein wichtiges Ziel, wobei dies insbesondere für die netzgebundenen Branchen aufgrund verschiedener rechtlicher Voraussetzungen für den Betrieb der Netze schwierig ist.

Grundsätzlich sind Liberalisierung und Integration zwei von einander unabhängige politische Konzepte. Bei einem netzgebundenen liberalisierten Wirtschaftssektor, wie dem Stromsektor, kann es allerdings sinnvoll sein, mehrere Märkte in einen gemeinsamen Markt zu integrieren, damit ehemalige monopolartige Staatsunternehmen sich Wettbewerbern aus anderen Ländern stellen müssen.

Wie diese beiden politischen Konzepte auf den Strommärkten umgesetzt werden sollen, wird im Folgenden beschrieben.

3.1.1 Liberalisierung von Strommärkten

Die Stromindustrie kann in vier vertikale Aufgabenbereiche eingeteilt werden: in die Erzeugung, die Übertragung, die Verteilung und den Verkauf von Strom. Alle diese Teile erfordern unterschiedliche optimale Betriebsgrößen mit unterschiedlichen Voraussetzungen für die Regulierung des Wettbewerbs.

Bis in die 1980er Jahre wurde die Stromindustrie als eine Art natürliches Monopol gesehen, da insbesondere der Netzbetrieb aufgrund der hohen Fixkosten für den Aufbau und die Wartung des Netzes eine große Betriebsgröße erforderte. Auch in der Stromerzeugung wurden große Betriebsgrößen als effizienter angesehen (Borenstein und Bushnell 2000). In dieser Argumentation machte es für die Strommarktakteure Sinn, sich aufgrund von Netzwerkexternalitäten und steigender Skalenerträge (d.h. sinkenden Durchschnittskosten bei steigender Produktion), zusammenzuschließen. Um negative Folgen für die Konsumenten zu vermeiden, sollten diese vertikal integrierten Stromerzeuger besser staatlich betrieben werden (Coppens und Vivet 2004).

In der klassischen ökonomischen Theorie wird allerdings die These vertreten, dass regulierte Betriebe ineffizient sein können und dass die interne sowie die externe Effizienz durch die Einführung von Wettbewerb erhöht werden könnte. Mit der Wiederbelebung dieser Denkschule in den 1980er Jahren wurden institutionelle Reformkonzepte vorgestellt, um die Liberalisierung der netzgebundenen Stromindustrie zu realisieren. Grundansatz der Liberalisierungsüberlegungen ist es, die vertikale Struktur der Stromindustrie aufzubrechen, so dass sich die Bereiche „Erzeugung" und „Verkauf" von Strom separat dem Wettbewerb stellen könnten, die Stromübertragung und -weiterleitung dagegen aufgrund der Netzgebundenheit weiterhin reguliert werden müsste (Coppens und Vivet 2004).

In der Folge soll dargelegt werden, wie ein solcher liberalisierter, aber auch gleichzeitig regulierter Strommarkt organisiert werden muss:

Restrukturierung
Die Restrukturierung bedeutet, dass die Integration der vier Aufgabenbereiche Erzeugung, Transmission, Weiterleitung und Verkauf von Strom aufgehoben wird, damit Wettbewerb auf diesem Markt entstehen kann. Da die Stromnetze zur Übertragung und Weiterleitung weiterhin physisch nur von einer Firma bereitgestellt werden können, sollte aber die Nutzung der Netze durch dritte Erzeuger oder Händler ermöglicht werden. Damit es nicht zu Diskriminierungen der Netznutzer kommt, sollte der Netzbetrieb möglichst von der Erzeugung und dem Verkauf getrennt werden, was auch „unbundling" oder Entflechtung genannt wird. Je nach Stärke der Trennung gibt es verschiedene Stufen der Entflechtung:

Die schwächste Stufe ist die buchhalterische Entflechtung, was in der Regel bedeutet, dass Erzeugung und Netze sowie Handel zwar noch rechtlich Teil eines Unternehmens sind, aber für diese Bereich getrennte Bilanzen erstellt werden, um durch erhöhte Transparenz besser diskriminierendes Verhalten identifizieren zu können. Die funktionale Entflechtung bedeutet, dass der Netzbetreiber von der Organisations- und Entscheidungsgewalt des integrierten Unternehmens unabhängig sein sollte (Brunekreeft 2003). Bei der rechtlichen Entflechtung, die von der EU angestrebt wird, müssen die Netze als getrennte rechtliche Einheiten betrieben werden, allerdings kann eine gemeinsame übergeordnete Holding bestehen. Die stärkste Form ist die eigentumsrechtliche Entflechtung, bei der die Netze als komplett unterschiedliche Unternehmen betrieben werden sollten, um Diskriminierungen zu vermeiden. Da diese Möglichkeit aber eine Quasi-Enteignung der ursprünglichen Unternehmen bedeutet, ist dies in einigen Ländern, z.B. in Deutschland, nicht mit den bestehenden Gesetzen vereinbar. Eine erfolgreiche Restrukturierung alleine führt aber noch nicht

automatisch zu Wettbewerb auf dem Strommarkt (Brunekreeft 2003).

Der Eigentümer des Netzes (Übertragungs- oder Weiterleitungsnetz) sollte einen Netzbetreiber installieren (TSO, DSO), der in der Regel Teil des Netzeigentümers ist, aber auch eine getrennte Institution sein kann.

Der Übertragungsnetzbetreiber muss nicht nur den Strom übertragen und in der Regel auch das Netz instand halten und ausbauen. In einem liberalisierten Strommarkt hat der Übertragungsnetzbetreiber zusätzliche Aufgaben: Er muss Verteilungsunternehmen und Konsumenten von Strom freien Zugang zum Stromnetz ermöglichen und er kann zusätzlich als Betreiber des Marktes agieren. Da der Übertragungsnetzbetreiber in einem liberalisierten Markt im Gegensatz zu vorher von anderen Akteuren unabhängig ist, muss er sich Systemdienstleistungen wie z.B. Reservekapazitäten oder Transferkapazitäten im Rahmen des Managements von Netzengpässen am Markt beschaffen (ETSO 2006).

Wettbewerb
Innerhalb eines Marktes soll auch in dem Sinne Wettbewerb entstehen, dass alle Konsumentengruppen (gewerbliche Verbraucher sowie Endverbraucher) die Möglichkeit haben, ihren Stromanbieter zu wechseln. Dabei hat auch die Marktorganisation einen Einfluss auf die Ausprägung des Wettbewerbs: Bei dem „single buyer"-Modell gibt es auf dem Großhandelsmarkt nur einen Anbieter, bei dem alle anderen Kunden kaufen können. Hier ist der Wettbewerb noch eingeschränkt. Im Falle des bilateralen Handels kann es zwischen Erzeugern und Großkunden zu langfristigen Verträgen kommen, auch grenzüberschreitend. Für möglichst freien Wettbewerb wäre eine Pool-Lösung am besten, bei der sich Anbieter und Nachfrager in einem Pool, der auch als Börse organisiert werden kann, treffen und aufgrund von Angebot und Nachfrage ein Preis für Strom entsteht. Diese Form ist am transparentesten, allerdings sind für das Funktionieren dieser Wettbewerbsform genügend Kapazitäten sowie eine ausreichend große Anzahl von Erzeugungsunternehmen notwendig (Lovei 2000, Green et al. 2006, Newbery 2002).

Regulierung
Da der Netzbetrieb als natürliches Monopol nicht dem Wettbewerb ausgesetzt werden kann, sollte dieser Teil des Strommarktes reguliert werden, damit zum einen die Endkunden vor zu hohen Preisen

geschützt werden und zum anderen der Wettbewerb auf den Märkten für andere Systemdienstleistungen, wie z.B. den Ausgleichsmarkt oder das Engpassmanagement, geschützt wird (Brunekreeft 2003).

Als Regulierungsinstanz eignet sich ex-ante eine sektorale Regulierungsagentur, die unabhängig vom Staat und den betroffenen Unternehmen handeln sollte, d.h. vor allem die Netztarife bestimmen sollte.

der Regierung, sondern von der regulierten Industrie (z.B. über Lizenzeinnahmen für den Zugang zum Netz) finanziert werden, um staatliche Einflussnahme zu verhindern. Am wichtigsten ist, dass die Netzzugangstarife nur von der Behörde festgelegt werden können (Kennedy 2003).

Die Regulierungsbehörde reguliert den Zugang Dritter zum Netz durch Tarife, die entweder kosten-

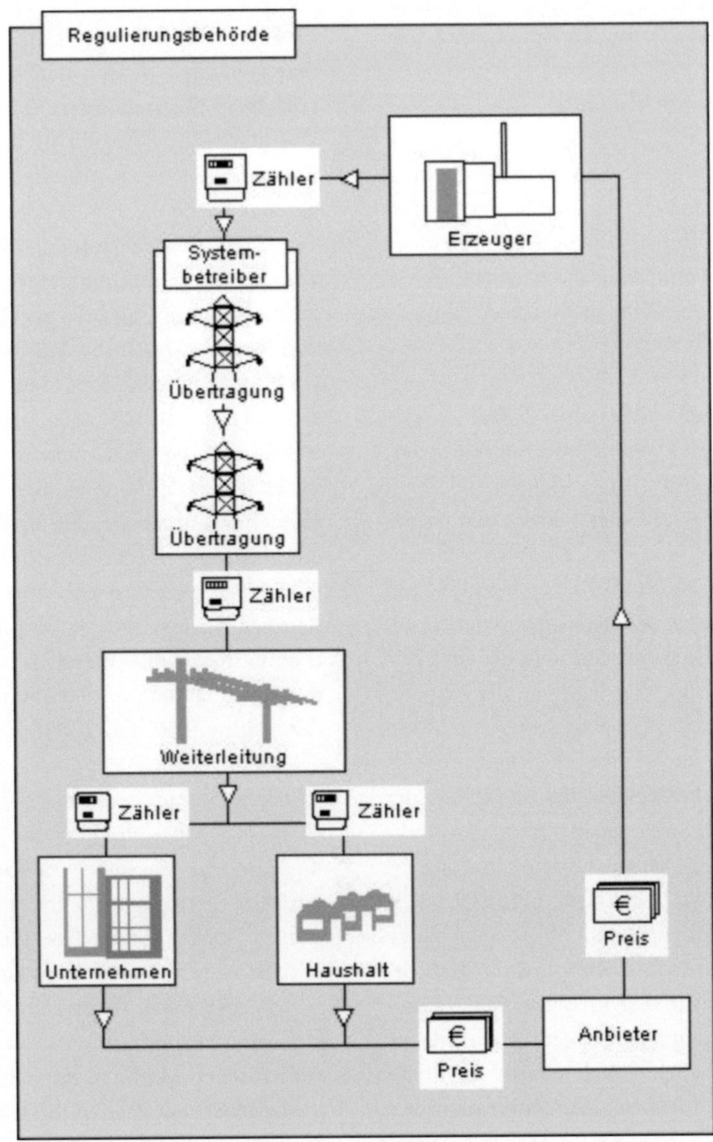

Quelle: Coppens und Vivet 2004, verändert

Abbildung 1: Vereinfachte Struktur eines liberalisierten Strommarktes

Die Einrichtung einer solchen Behörde wird von der EU gefordert. Kriterien für die Unabhängigkeit von Regulierungsbehörden sind, dass sie von einem staatlichen Ministerium unabhängig sind und möglichst langfristig ernannt werden, um nicht im Falle politischer Veränderungen einfach ausgewechselt werden zu können. Schließlich sollte die Behörde nicht von

oder renditeorientiert sind oder mittels einer Preisobergrenze anreizorientiert festgelegt werden (Steger et al. 2008).

Es ist aber auch möglich, ex-post zu regulieren, indem eine Wettbewerbsbehörde die Preise und die Netzzugangsbedingungen im Nachhinein kontrolliert. Teil dieser Regulierungsform ist, dass der Zugang Dritter zum Netz verhandelt und nicht reguliert wird (Brunekreeft et al. 2005). Deutschland hat beispielsweise diese Variante des verhandelten Netzzugangs bis 2005 praktiziert.

Eine dritte Möglichkeit der Regelung des Netzzugangs Dritter ist das schon im Zusammenhang mit der Marktorganisation erwähnte „single-buyer"-Modell, wobei ein rechtlich eigenständiger Akteur dafür zuständig ist, zentral Strom zu (ver-)kaufen (von Dannwitz 2006).

Privatisierung
Für die Liberalisierung der Strommärkte kann es sinnvoll sein, die staatliche Kontrolle des Sektors durch Privatisierung der betroffenen Unternehmen zu reduzieren, auch wenn es für die Realisierung des Wettbewerbs nicht unbedingt als notwendig angesehen wird (Brunekreeft 2003).

Zusammenfassend stellt Abbildung 1 die Zusammenhänge auf einem liberalisierten Strommarkt vereinfacht dar. Die Konsumenten können frei ihren Stromanbieter wählen und dieser kauft den Strom entweder direkt oder über eine Börse vom Erzeuger. Dieser muss den Strom über Übertragungs- und Weiterleitungsnetzwerke den Konsumenten liefern. Der gesamte Prozess, insbesondere aber der freie Zugang von Erzeugern zum Netz wird von der Regulierungsbehörde überwacht (Coppens und Vivet 2004).

Newbery (2002) macht deutlich, dass der Erfolg der Liberalisierung davon abhängt, inwiefern ein funktionierender Markt geschaffen werden kann, außerdem darf es keine knappen Erzeugungskapazitäten geben, da ansonsten die Preise zu sehr steigen. Diese Probleme zeigten sich in der Stromkrise in Kalifornien im Jahr 2000. Zu den knappen Kapazitäten kam noch die Auflösung langfristiger – stabilisierender – Verträge hinzu. Schließlich stiegen die Preise der Energieträger, v.a. zu dieser Zeit aufgrund hoher Nachfrage erheblich, so dass die Preise so hoch wurden, dass die Erzeuger diese nicht mehr weitergeben konnten. Bei den sich daraus ergebenden massiven Versorgungsproblemen hatten zusätzlich die unkoordinierte Einmischungen des Staates einen verstärkenden Einfluss.

Das Modellparadigma „Strommarktliberalisierung" muss demnach nicht zwangsläufig erfolgreich sein. In ihrer ökonometrischen Analyse können z.B. Fiorio et al. (2007) keinen signifikant günstigeren Einfluss der Liberalisierung aus den bisherigen Reformjahren 1996-2004 auf die Strommärkte in der EU ableiten. Deshalb sei bei Reformen mehr Flexibilität und Realismus erforderlich.

3.1.2   Integration von Strommärkten

Die Integration von Strommärkten bedeutet, dass ein einheitlicher Strommarkt in einer Region von mehreren eigenständigen Strommärkten entsteht. Das Gut „Strom" soll dabei möglichst so ungehindert gehandelt werden können, wie innerhalb eines einzelnen Strommarktes. Dazu ist es notwendig, Zugang zu den Netzen zu schaffen, aber auch die notwendigen Voraussetzungen, damit diese Netze genutzt werden. Es muss demnach nicht nur Strom gehandelt werden, sondern auch Dienstleistungen wie die Stromübertragung und andere Netzdienstleistungen. Aufgrund der spezifischen Eigenschaften von Strom können die Märkte nicht ohne Regulierung funktionieren. Der Handel muss vor dem „real time" Handel geschlossen werden und der Handel selbst sowie die tatsächliche Preisberechnung müssen durch einen Systembetreiber durchgeführt werden (Boucher und Smeers 2001). Ziel der Integration ist eine höhere Effizienz auf den Strommärkten, sowie eine größere Versorgungssicherheit. Mögliche Hindernisse für einen freien Handel können die Übertragungsnetzwerke betreffen, die Maßnahmen für den Großhandel und die überregionale Regulierung der Märkte (ERGEG 2005).

Zunächst ist im technischen Sinne die Schaffung eines grenzüberschreitenden Netzwerkes notwendig, um die Energie vertreiben zu können. Dies erfordert grenzüberschreitende Hochspannungsleitungen sowie notwendige Umspannstationen mit jeweils ausreichenden Kapazitäten. Diese Übertragungsnetze waren ursprünglich nicht für einen integrierten Strommarkt gedacht, so dass es bei einem einheitlichen Markt zu Kapazitätsproblemen bei der grenzüberschreitenden Übertragung kommen kann (Consentec 2004).

Die Organisation dieses Netzes muss von einer übergeordneten Institution übernommen werden. In Europa (Ausnahme: die nordischen Länder) wird dieses System von der UCTE bzw. ENTSO-E organisiert und kontrolliert. Die grenzüberschreitende Organisation und Kontrolle der Übertragungsnetze betrifft v.a. den Ausgleich von Angebot und Nachfrage im so genannten Ausgleichsmarkt („balancing market"). Da Strom nicht gespeichert werden kann und die Nachfrage für einen bestimmten Zeitpunkt geschätzt werden muss, müssen verschiedene Reservekapazitäten möglichst schnell genutzt werden oder es muss innerhalb sehr kurzer Zeit zu einem Lastabwurf kommen. Dazu ist es auch notwendig, dass die entsprechenden Regelungen in einem integrierten Markt harmonisiert sind, da es sonst bei einem grenzüberschreitenden Ausgleich zu Versorgungsproblemen kommen könnte (EFET 2006).

Wenn die Übertragungsnetze verstopft sind, d.h. zu große Mengen an Strom sich im Netz befinden, so dass dieses überlastet ist, sind Maßnahmen zum Management dieser Netzengpässe notwendig. Hier sind damit die grenzüberschreitenden Netzengpässe gemeint. Dazu gehört die Verteilung von knappen, grenzüberschreitenden Kapazitäten, um eine Verstopfung möglichst gar nicht entstehen zu lassen (Consentec 2004). Diese Verteilung benötigt möglichst genaue Kapazitätsangaben, die zunächst geschätzt werden müssen, da die Kapazitäten von Netzzustand, Netzbelastung, Temperatur und anderen Bedingungen abhängig sind. Die Kapazitäten können dann entweder nach nicht-marktbasierten Aspekten verteilt werden (z.B. „first-come, first-serve") oder marktbasiert gehandelt werden (Boucher und Smeers 2001).

Ein weiterer wichtiger Aspekt ist der Zugang zu den Übertragungsnetzen. Dieser sollte theoretisch, aber auch faktisch für jeden Anbieter möglich sein, damit in dem integrierten Markt die Stromkunden zwischen möglichst vielen konkurrierenden Händlern wählen können.

Die Organisation des Großhandelsmarktes hat einen großen Einfluss auf den Handel in einem integrierten Strommarkt. Dabei gibt es die schon von der Liberalisierung innerhalb eines Landes bekannten Organisationsformen „single buyer", bilateraler Handel sowie die Strombörse oder die Pool-Lösung. Zusätzlich muss die gewählte Marktform in einem integrierten Markt für internationale Akteure geöffnet werden. Auch in diesem Punkt ist es notwendig, dass die Regelungen bei der Organisation des Stromgroßhandels einheitlich sind, damit ein integrierter Markt funktioniert. Am besten geeignet wären in dieser Hinsicht Strombörsen, da sich dort im optimalen Fall effiziente, transparente, einheitliche Preise bilden (ERGEG 2005). Dazu ist allerdings notwendig, dass die Strombörsen zur Vermeidung von spekulativen (Ver-)käufen kontrolliert werden (Schmidt 2005).

Schließlich müssen ebenso die Regulierungsbehörden zusammenarbeiten, damit die verschiedenen Marktsysteme nicht in Wettbewerb miteinander treten (ERGEG 2005).

Zusammenfassend lässt sich feststellen, dass die Funktionsfähigkeit eines integrierten Strommarktes in starkem Maße von einer funktionierenden Kooperation zwischen den einzelnen Akteuren abhängt. Die Übertragungsnetzbetreiber, die Anbieter, die Stromerzeuger sowie die Regulierungsbehörden in den verschiedenen Märkten müssen miteinander möglichst harmonisierende Regelungen erarbeiten und umsetzen, um einen integrierten Markt zu schaffen. Wenn die Regelungen zu unterschiedlich sind, stellt dies ein wesentliches Hemmnis für den Stromhandel dar. Ein niedrigeres Handelsvolumen kann zur Ausnutzung nationaler Marktmachtpotentiale führen und dazu, dass sich die Preisunterschiede zwischen den Ländern durch den Handel nicht angleichen. Insbesondere unterschiedliche Regelungen zum Ausgleichsmarkt und dem Management der Netzengpässe können dazu führen, dass kein integrierter Markt entstehen kann. Die Integration ist gerade für Strommärkte in kleinen Ländern und mit wenigen Marktteilnehmern wichtig.

Insbesondere das Liberalisierungskonzept wurde bisher in vielen Strommärkten eingeführt. Dabei zeigt sich, dass es unterschiedliche Ausgestaltungsformen gibt (z.B. Newbery 2002 oder Jamasb et al. 2004). Im Folgenden wird das Reformmodell der EU genauer betrachtet, sowie die räumliche Erweiterung des Modells auf das Untersuchungsgebiet Südosteuropa.

3.2 Strommarktpolitik der EU

Die Strommarktpolitik der EU ist ein Teil der EU-Energiepolitik, die die Strom- sowie Gasmärkte betrifft, aber auch die Politik der Sicherung und Förderung von möglichst kostengünstigen und zugleich umweltfreundlichen Energieträgern.

3.2.1 Rechtliche Grundlagen der EU-Strommarktpolitik

Grundlage für die Liberalisierung des Strommarktes innerhalb der EU sind zwei Richtlinien, 96/92/EC sowie 2003/54/EC, die den allmählichen Übergang zur Öffnung der EU-Strommärkte regeln. Diese müssen noch in den einzelnen Ländern in entsprechenden Gesetzen oder Verordnungen umgesetzt werden. Die Richtlinie von 1996 ließ den einzelnen Ländern zunächst noch relativ großen Ermessensspielraum. So wurde z.B. erst einmal nur eine buchhalterische Trennung von Netzbetreiber und Erzeuger gefordert. Außerdem war vorgesehen, dass der Markt nur für große gewerbliche Kunden geöffnet werden musste. Für den Netzzugang Dritter hatten die Länder noch die Wahl zwischen verschiedenen Möglichkeiten: ein verhandelbarer Netzzugang Dritter, ein regulierter Netzzugang inklusive Einrichtung einer Regulierungsbehörde, die Netzentgelte festsetzt, sowie das „single-buyer"-Modell (von Dannwitz 2006).

Diese Aspekte wurden dann in der Richtlinie von 2003 verschärft, so dass nun die Übertragungsnetzbetreiber rechtlich entflochten sein müssen und für alle Kunden ab 2007 der Stromanbieter frei wählbar sein muss (Jamasb und Pollitt 2005). Außerdem ist es notwendig, dass der Netzzugang Dritter reguliert wird; somit wird der Aufbau einer unabhängigen Regulierungsbehörde notwendig (von Dannwitz 2006).

Was die Organisation des Handels angeht, so wurden in beiden Richtlinien keine entsprechenden Vorschriften gemacht (Meeus et al. 2005).

Die Verordnung 1228/2003 der Europäischen Kommission beschäftigt sich speziell mit der Integration der Strommärkte, d.h. mit den Bedingungen des grenzüberschreitenden Handels (Pollitt 2009). Dabei wird zum einen die Vorgehensweise bei der Festlegung grenzüberschreitender Handelstarife und Kompensationsmechanismen geregelt, wobei die „Kostenmethode" offen geblieben ist. Außerdem soll die Verteilung der grenzüberschreitenden Transferkapazitäten möglichst marktbasiert verteilt werden (European Commission 2003a). Im Gegensatz zu den beiden Richtlinien gilt die Verordnung 1228 unmittelbar für die EU-Mitgliedstaaten.

3.2.2 Erweiterung des EU-Strommarktes

Die Europäische Union hat ein eigenes Interesse an der Entwicklung eines regionalen Energiemarktes in Südosteuropa. Ziele der Europäischen Union bei der Erweiterung des regionalen Energiemarktes an ihren Außengrenzen sind zunächst die Versorgungssicherheit in Europa und die Stärkung des internen Energiemarktes im erweiterten Europa. Außerdem erstrebt sie die Unterstützung des Aufbaus neuer

Infrastrukturen in den Ländern Südosteuropas, die zum einen durch die Balkankriege ab 1990 zerstört wurden und zum anderen im Zuge der Systemtransformation in den 90er Jahren abgebaut wurden oder schon sehr veraltet sind.

Ein größerer Energiemarkt soll zudem in der EU zu mehr Wettbewerb und für die Verbraucher zu niedrigeren Preisen führen. Schließlich erhofft man sich, dass durch eine verbesserte Energieinfrastruktur ein höherer Umweltschutz realisiert werden kann, so dass auch die Ziele der EU im Klimaschutz und bei der Luftreinhaltung verwirklicht werden können.

Im März 2002 präsentierte die EU-Kommission ein Strategiepapier mit Prinzipien und institutionellen Voraussetzungen für die Entwicklung eines regionalen Energiemarktes (European Commission 2003b). Im November 2002 erklärten sich die beteiligten Staaten in Südosteuropa (Kroatien, Bosnien-Herzegowina, Serbien, Montenegro, Mazedonien, Albanien, Rumänien, Bulgarien, Kosovo, Türkei und Griechenland) im so genannten Athener Memorandum bereit, die EU-Gesetzgebung anzunehmen und eine der EU entsprechende Struktur des Energiemarktes aufzubauen. Die EU-Kommission und der „Stability Pact" waren als Sponsoren vorgesehen (European Commission 2003c). Ziel war, dass die Staaten der Region bis Juni 2003 Regulierungsbehörden und Übertragungsnetzbetreiber schaffen und Weiterleitungsnetzbetreiber bis Januar 2005 einrichten (European Commission 2003c).

Der Anreiz für die Staaten Südosteuropas war die Zusage finanzieller Unterstützung beim Aufbau einer funktionierenden Energieinfrastruktur und die Aussicht, als Beitrittskandidat Fortschritte zu erzielen oder sich zumindest sich enger an der EU zu orientieren.

In einem zweiten Athener Memorandum im März 2003 wurde der Ansatz um den Gasmarkt erweitert, aber die Erklärung blieb weiterhin „nur" ein Ausdruck politischen Willens und war rechtlich nicht bindend.

In diesem zweiten Memorandum wurde festgelegt, dass die Unterzeichner ihre nationalen Gesetzgebungen den genannten EU-Richtlinien bis 2005 anpassen, aber die Gesetze erst später umsetzen müssen.

Im Oktober 2005 wurde schließlich der Vertrag zur „Energy Community" unterzeichnet, ein rechtlich bindender Vertrag mit etwa demselben Inhalt wie die beiden Athener Memoranden. Der Vertrag wurde nach dem Vorbild der Europäischen Gemeinschaft für Kohle und Stahl (1952) gestaltet, der mit der Zusammenarbeit in einem zentralen Politik- und Wirtschaftsbereich einen Ausgangspunkt setzte für die spätere Gestaltung der Europäischen Union.

Ziele des Energy Community Vertrages sind stabile und geregelte Marktrahmenbedingungen für neue Investitionen, ein gemeinsamer gesetzlicher Rahmen für Handel mit Strom und Gas, die Verbesserung der Versorgungssicherheit sowie der Umweltbedingungen und schließlich die Förderung des Wettbewerbs auf den Strom- und Gasmärkten. Gerade die notwendigen Investitionen können aber nicht von den Ländern Südosteuropas selbst aufgebracht werden, sondern müssen von internationalen Sponsoren gezahlt werden (Altmann 2007).

Altmann (2007) beschreibt, dass die Teilnehmerländer im Rahmen der Gespräche zur Entwicklung des Athener Memorandums zwar grundsätzlich Interesse an einer gemeinsamen Gestaltung des Strommarktes gezeigt hatten, betont aber ebenso, dass die Zusammenarbeit bei der Harmonisierung der Gesetze als äußerst schwierig einzuschätzen sei, was sich auch bei den Verhandlungen im Rahmen der Freihandelszone CEFTA (Central European Free Trade Agreement) gezeigt habe.

Die Hauptorgane der Energy Community sind der Ministerrat, die Permanent High Level Group (PHLG), das Regulatory Board, Beratungsforen, das Sekretariat sowie verschiedene Geldgeber (sponsors, donors). Mitglieder der Energy Community waren zunächst die EU und neun südosteuropäische Partner: Kroatien, BiH, Serbien, Montenegro, Mazedonien, Albanien, Rumänien, Bulgarien, Kosovo.

Die Türkei als Unterzeichnerin der vorangegangen Athener Memoranden befindet sich noch im Verhandlungsprozess (Kennedy 2006). Als Teilnehmer sind zudem derzeit 14 EU-Länder an dem Prozess beteiligt, diese haben die Möglichkeit, an den entsprechenden Gremien aktiv teilzunehmen. Als dritte Gruppe zählen die „Beobachterstaaten", die als Nachbarstaaten direkt von der Energy Community betroffen sind, wie z.B. die Türkei. Neben der Türkei haben auch Moldawien und Georgien Interesse daran, Mitglied in der Energy Community zu werden (ECS 2010).

Seit Januar 2007 gehören Rumänien und Bulgarien zur EU und sind nur noch Teilnehmer des Energy Community Prozesses und nicht mehr Kernmitglieder, werden aber in der vorliegenden Arbeit trotzdem als Teil der Energy Community analysiert.

Bei Konflikten gibt es ein Prozedere zur Streitbeilegung, das vom Energy Community Secretariat (ECS) organisiert wird. Im äußersten Fall kann der Ministerrat bestimmte, im Vertrag zur Energy Community festgelegten Rechte der beklagten Vertragspartei aussetzen (Energy Community Treaty 2005). Die bisher eingereichten Fälle haben allerdings diese Stufe noch nicht erreicht (ECS 2009a), so dass noch nicht eingeschätzt werden kann, ob die Konfliktbeilegung funktioniert und sich somit als Anreiz zur Vertragserfüllung eignet.

Die Länder der Energy Community müssen, wie in diesem Kapitel gezeigt, die Vorgaben des EU-Strommarktmodells umsetzen. Das Problem besteht darin, dass alle diese Länder unterschiedliche historische, gesellschaftlich-politische und auch rechtliche Bedingungen aufweisen, die für das Umsetzen der Reformen von erheblicher Bedeutung sind.

4 Einführung in das Untersuchungsgebiet

Die im regionalen Energiemarkt betrachteten Länder gehören zu Südosteuropa. Welchen geschichtlichen, kulturellen und wirtschaftlichen Hintergrund haben diese Länder, der wesentlich zu Chancen und Problemen eines integrierten Energiemarktes in dieser Region beiträgt? Der Schwerpunkt der Analyse in diesem Kapitel soll auf Zusammenhängen liegen, die erklären können, unter welchen Bedingungen ein regionaler Strommarkt in dem Untersuchungsgebiet funktioniert.

gestaaten des ehemaligen Jugoslawiens, Albanien, Griechenland, Bulgarien, Rumänien, der europ. Türkei sowie Moldawien. Südosteuropa ersetzt dabei in gewisser Weise den negativ besetzten Begriff „Balkan" (Bjelic 2002).

Kulturell und transportökonomisch wird diese Region als Bindeglied oder „Scharnier" zwischen Mitteleuropa und Vorderasien betrachtet (Hösch 2002, Sundhaussen 2002). Diese Funktion aus Sicht des

Quelle: eigene Darstellung

Abbildung 2: Untersuchungsgebiet Südosteuropa

Der Begriff Südosteuropa ist nicht eindeutig und kann je nach Untersuchungsgegenstand und nach Standpunkt des Betrachters variieren. Nach Hösch (2002) ist grundsätzlich damit der Balkan und dazu das Karpatenbecken, sowie der transkarpatische Raum zwischen unterer Donau und dem Dnjestr gemeint und schließlich ggf. die Türkei und Zypern. Dies entspricht der Slowakei, Ungarn, den Nachfol-

Westens erhielt die Region v.a. aufgrund der jahrhundertelangen Fremdherrschaft unterschiedlicher Völker und Reiche.

Dabei muss deutlich gemacht werden, dass diese Begrifflichkeit von Südosteuropa bzw. Balkan eine von außen vorgegebene ist. Die Kritik an den Begriffen liegt darin, dass damit eine Region konstruiert wird, die in ihrer Rückständigkeit als Gegensatz zum vermeintlich „fortschrittlichen, modernen und homogenen" Westen aufgebaut wird (Bjelic 2002, Todorova 2004). Westliche Forscher, die sich mit Südosteuropa beschäftigen, nehmen häufig diese vorurteilsbeladene Haltung ein. Innerhalb der „Region" werden die Begriffe daher nicht als identitätsstiftend aufgefasst, sondern als Stigma, das möglichst für alle anderen außer für einen selbst gilt, so dass die Länder sich gegenseitig „orientalisieren". D.h. die einzelnen Völker nehmen die jeweils anderen sowohl als koloniale Machthaber, aber auch als koloniale „Subjekte" wahr (Bjelic 2002).

Im Rahmen der Energy Community, aber auch von anderen Institutionen, wie der Weltbank und der Europäischen Bank für Wiederaufbau und Entwicklung (EBRD), sind mit Südosteuropa die Länder Albanien, Bulgarien, Rumänien sowie die Nachfolgestaaten des ehemaligen Jugoslawiens (außer Slowenien), nämlich Bosnien-Herzegowina, Kroatien, Mazedonien, Montenegro, Serbien und Kosovo gemeint (siehe Abbildung 2). Nach obiger Diskussion besteht somit schon in der räumlichen Definition der Energy Community die Gefahr, dass eine Gemeinschaft entstehen soll, die eigentlich versucht, sich untereinander abzugrenzen.

4.1 Geschichte

Um die Probleme der Konstituierung einer Region im Rahmen der Energy Community besser zu verstehen, wird im Folgenden ein Überblick über die geschichtlichen Voraussetzungen in den Ländern des Untersuchungsgebietes gegeben.

Quelle: Lampe 2006

Abbildung 3: Physische Geographie und Staatsgrenzen auf dem Balkan, 1910

Aufgrund der wechselnden Fremdherrschaft zunächst durch die Slawen und durch Ungarn, gefolgt von der Expansion sowohl des Osmanischen als auch des Habsburger Kaiserreiches, kam es immer wieder zur Migration einzelner Volksgruppen und somit zu einer ethnischen Instabilität. Im 19. Jhdt. entstand eine Gruppe eigenständiger Nationalstaaten: Serbien, Griechenland, Rumänien, Montenegro, Bulgarien (Lampe 2006), deren Begrenzungen jedoch wesentlich von externen Interessen mitbestimmt wurden. Dies alles hat zur Folge, dass die ethnisch-kulturelle Durchmischung bis heute sehr groß ist und sich in inner- und interstaatlichen Konflikten äußert. Abbildung 3 zeigt die Situation in der Region vor dem 1. Weltkrieg, in der sowohl das Habsburger Kaiserreich als auch das Osmanische Reich noch bis in die Region reichten.

Kulturell ist vor allem die Kernregion Südosteuropas durch die gemeinsame byzantinisch-orthodoxe sowie durch die osmanisch-islamische Geschichte miteinander verbunden (Lampe 2006). Weitere strukturprägende Merkmale für die Länder des Balkans aus Sicht westlicher Forscher sind die gesellschaftliche und ökonomische Rückständigkeit in der Neuzeit im Vergleich zu West- und Mitteleuropa. Die Region war v.a. davon geprägt, dass sich europäische Großmächte aus eigenen territorialen oder strategischen Interessen heraus seit dem beginnenden Verfall des Osmanischen Reiches in die Innen- und Außenpolitik der Balkanländer einmischten. Schließlich brachte die Übernahme der Idee des Nationalstaats aus dem Westen eine Ethnisierung des Nationenverständnisses mit sich, die vor dem Hintergrund der beschriebenen ethnischen Instabilität höchst problematisch war (Hösch 2004). Die „künstliche" Nationenbildung im 19./20. Jhdt

konnte deshalb auch bis zum Ende des Kommunismus nicht zu einer ethnischen Homogenität führen.

Nach dem 1. Weltkrieg wurde auch das österreich-ungarische Kaiserreich zerteilt, so dass neue Staaten, aufgrund der ethnischen Vielfalt jedoch auch neue Probleme entstanden. Die politische Zerrissenheit Südosteuropas führte zu einer leichteren Etablierung der nationalsozialistischen bzw. sowjetischen Hegemonie in dieser Region (Hösch 2002).

Während des Kommunismus hatten die einzelnen Staaten hinsichtlich der Ausgestaltung der Zentralverwaltungswirtschaft und auch der politischen und wirtschaftlichen Außenbeziehungen eine sehr unterschiedliche Geschichte (Sundhaussen 2002), die weiter unten bei der historischen Beschreibung der einzelnen Staaten beschrieben werden soll.

Heute sind die Staaten Südosteuropas kulturell, sozial, politisch sowie teilweise in ihren ökonomischen Potenzialen sehr heterogen. Zum einen unterscheiden sie sich stark in ihrer Größe. Gerade einige Nachfolgestaaten des ehemaligen Jugoslawiens, wie Montenegro und Mazedonien sind sehr klein, im Gegensatz zu z.B. Rumänien, Serbien und Bulgarien, wie an den Bevölkerungszahlen in Tabelle 1 deutlich wird. Dabei wird insbesondere für kleine Länder die Notwendigkeit der Kooperation zwischen den Strommarktinstitutionen, z.B. hinsichtlich gemeinsamer Institutionen, sehr hoch sein.

Andererseits haben die Staaten teilweise auch Großmachttraditionen, wie z.B. Bulgarien, auf die in der nationalen Rhetorik der Gegenwart sehr deutlich Bezug genommen wird (Bell 1998). Dies erschwert wiederum die Kooperation und Etablierung gemein-

Tabelle 1: Bevölkerungsanzahl 2006

Land	Bevölkerungsanzahl in Mio. 2006
Albanien	3,2
BiH (Bosnien-Herzegowina)	3,8
Bulgarien	7,8
Kosovo	2,0 (1991)
Kroatien	4,4
Mazedonien	2,0
Montenegro	0,7
Rumänien	21,7
Serbien	7,5

Quelle: EBRD 2007

samer Märkte, denn es nährt die Vermutung, dass wechselseitige Abhängigkeiten zu sehr einer politischen Instrumentalisierung ausgesetzt sind.

Um die potentiellen Kooperationsprobleme besser beurteilen zu können, sollen im Folgenden die einzelnen Länder Südosteuropas mit ihrem geschichtlichen Hintergrund kurz beschrieben werden. soweit es für das Verständnis der vorliegenden Fragestellung erforderlich ist.[1]

Vor der Einzelbetrachtung wird kurz die Geschichte des ehemaligen Jugoslawiens skizziert. Jugoslawien war ein politisch motiviertes Konstrukt des zerfallenden Habsburgerreiches und wurde 1918 als Königreich unter der Führung von Serbien gegründet, dazu kamen Slowenien und Kroatien. Es ist der jugoslawischen Führung aber nicht gelungen, die Wirtschaft und Gesellschaft zu integrieren. Auch der zweite jugoslawische Staat, der 1945 gegründet wurde, versuchte durch die Gründung einer föderalen Volksrepublik die unterschiedlichen Volksgruppen zu vereinen. Teil Jugoslawiens waren die sechs Republiken Slowenien, Kroatien, Bosnien-Herzegowina, Serbien, Montenegro und Mazedonien. Innerhalb des Ostblocks hatte Jugoslawien eine Sonderrolle inne, da sich das Land von der Sowjetunion distanzierte und eine liberalere Wirtschaftspolitik verfolgte (Bartlett 2008). Nachdem die Industrialisierung intensiv gefördert wurde, gab es ökonomische Rückschläge und es kam zu verschärften Verteilungskämpfen zwischen dem Nordwesten und dem Südosten des Landes. Dadurch wurden auch wieder die nationalen Gegensätze sichtbarer. Nach dem Tod des Staatsgründers Tito verschärften sich diese Probleme und im Zuge des Zerfalls des Kommunismus wurde die Politik von nationalistischen Tönen beherrscht. Problematisch war aber die zuvor genannte ethnische Instabilität (siehe Abbildung 4), da in Kroatien, Bosnien-Herzegowina und auch im Kosovo serbische Minderheiten lebten, so dass die nationalistische serbische Führung die Unabhängigkeitsbestrebungen dieser „Länder" nicht anerkennen wollte. In der Folge kam es von 1991 an zu Kriegshandlungen auf dem Balkan, die vorläufig bis zum Ende des Kosovokrieges im Jahr 1999 reichten. Dieser Konflikt bestimmt nach wie vor Politik, Wirtschaft und Gesellschaft von ganz Südosteuropa. Eine institutionelle Kooperation dieser Länder in Form der Energy

Community ist deshalb vor diesem Hintergrund als sehr schwierig anzusehen.

Die Geschichte der einzelnen Nachfolgestaaten des ehemaligen Jugoslawiens lässt sich wie folgt zusammenfassen:

Bosnien-Herzegowina
Dieses Land befand sich seit dem 15. Jahrhundert unter osmanischer Herrschaft, unter derer sich die „Bosniaken" vorwiegend im 16. Jahrhundert islamisierten. Aufgrund von weiteren osmanischen Eroberungskriegen kam es zu Migrationen, so dass das Gebiet des heutigen Bosnien-Herzegowina sehr heterogen ist. Der Versuch des jugoslawischen Staates, die Bosnier zu serbisieren oder zu kroatisieren, schlug fehl. Im zweiten jugoslawischen Staat wurde Bosnien-Herzegowina zu einer Teilrepublik mit kroatischer, serbischer und bosnisch muslimischer Bevölkerung. Der Erklärung der Unabhängigkeit von Bosnien-Herzegowina folgte ein Krieg, gesteuert von serbischen und kroatischen Nationalisten (Lampe 2006), der Zerstörungen und große Flüchtlingsströme hervorbrachte. Das heutige Bosnien-Herzegowina besteht aus der Föderation Bosnien-Herzegowina mit einer kroatischen und bosnischen Teilrepublik sowie der serbischen Republik Srpska. Dies führt dazu, dass auch innerhalb Bosnien-Herzegowinas die politische und institutionelle Kooperation schwierig ist.

Kosovo
Der Kosovo wird von den Serben als das „serbische Kernland" bezeichnet. Unter der osmanischen Herrschaft fand im 15. Jhrdt. eine Zuwanderung von Albanern statt. In der Folge albanisierte sich ein Teil der serbischen Bevölkerung des Kosovo ebenfalls. Nach den Balkankriegen 1912/1913 zur Bekämpfung des Osmanischen Reiches auf dem Balkan wurde der Kosovo Teil Serbiens. Eine in der Folge massiv versuchte Serbisierung des Gebiets schlug fehl und verstärkte die ethnische Polarisierung. Unter italienischer Besatzung im 2. Weltkrieg war der Kosovo sogar kurzzeitig Teil eines „Großalbaniens", nach dem Krieg aber wieder Serbien angeschlossen. Infolge des Zerfalls Jugoslawiens strebte der Kosovo nach Unabhängigkeit, zunächst auf friedlichem Weg. Durch die seit 1996 von der Kosovo-Befreiungsarmee durchgeführten Angriffe auf serbische Institutionen wurden serbische Vergeltungsmaßnahmen provoziert. Bis zur Unabhängigkeit Anfang 2008 unterstand der Kosovo der UNMIK (United Nations Mission for Kosovo).

---

1 Sofern nicht besonders gekennzeichnet, ist die Quelle für die folgende geschichtliche Zusammenfassung Hösch (2004).

Source: Adapted from Paul Robert Magocsi, *Historical Atlas of Central Europe* (Seattle, WA: University of Washington Press, 2002)

Ethnic minorities, 1992

Serbs *(SB)*	Magyars *(MG)*	For Bosnia, no majority present
Croats *(CR)*	Turks and Pomaks *(TP)*	—— - — International boundaries
Bosnian Muslims *(BM)*	Albanians *(AL)*	- - - - Autonomous province boundaries
		Dayton Agreement lines for Bosnia, 1995

Quelle: Lampe 2006

Abbildung 4: Staatsgrenzen, ethnische Mehr- und Minderheiten in Südosteuropa, 1992

Kroatien

Seit dem 12. Jhrdt. war Kroatien kein eigenständiger Staat mehr, sondern Teil des Königreichs Ungarn und später des Habsburger Kaiserreiches, auch wenn es einen gewissen Sonderstatus innehatte. V.a. im 18. Jhdt. wurde unter Maria Theresia die Staatlichkeit von Kroatien geschwächt. Seit 1918 war Kroatien Teil des Königreiches Serbien, Kroatien und Slowenien (SHS). 1991 erklärte Kroatien die Unabhängigkeit von Jugoslawien. Allerdings gab es in den Grenzregionen Konflikte mit den dort lebenden Serben (v.a. in der Krajina). Diese Region wurde nach einer Abspaltung 1995 in einem Krieg wieder von Kroatien zurückerobert. Eine Massenflucht der dortigen Serben nach Serbien war die Folge.

Mazedonien

Mazedonien ist eigentlich eine geographische Region, deren Bevölkerung sich in den unterschiedlichen Staaten Bulgarien, Griechenland und Serbien weiterentwickelt hat. Hier ist die „Frühere Jugoslawische Republik Makedonien" gemeint, in der slawische Mazedonier leben. Dieser Staat ist 1991 aus dem früheren Jugoslawien hervorgegangen und hatte zumindest keine kriegerischen Auseinandersetzungen mit „Restjugoslawien". Allerdings gab es mit Griechenland Handelskonflikte wegen der Benutzung von Namen und Flagge. Auch mit Albanien gab es aufgrund der relativen großen albanischen Minderheit in diesem Land Spannungen. Durch Flüchtlinge infolge des Kosovo-Krieges wurde die Krise mit Albanien verschärft, konnte aber 2001 beigelegt werden.

Montenegro

Das Staatsgebiet von Montenegro war bis ins 19. Jhrdt. hinein unter osmanischer Herrschaft und wurde dann zu einem eigenständigen Fürstentum. Nach dem 1. Weltkrieg wurde ein Zusammenschluss mit Serbien beschlossen, der bis 2006 andauerte. Im Jahr 2006 erklärte sich Montenegro von Serbien in einem Referendum unabhängig.

Serbien

Das serbische Gebiet war unter osmanischer Herrschaft, aber seit 1830 ein autonomes tributpflichtiges Fürstentum. 1878 erlangte Serbien die völkerrechtliche Unabhängigkeit vom Osmanischen Reich. Nach der Wende wollte Serbiens Führung keine der EU-ähnliche föderale Struktur Jugoslawiens und beanspruchte zusammen mit Montenegro die Rechtsnachfolge des jugoslawischen Staates. Aufgrund serbischer Minderheiten in Kroatien, Bosnien-Herzegowina und dem Kosovo sowie eines politischen, historisch begründeten Suprematieanspruchs hat Serbien deren Unabhängigkeit nicht akzeptiert, so dass es mit diesen Ländern in den 1990er Jahren zu den gewaltsamen Bürgerkriegen kam.

In der Folge werden die „nicht-jugoslawischen" Länder, die Teil der Energy Community sind, behandelt:

Albanien

Albanien war bis 1912 Teil des Osmanischen Reiches, kurz ein eigenständiges Fürstentum und wurde dann im 1. Weltkrieg von Italien und Deutschland besetzt und schließlich 1921 wieder als eigenständiger Staat anerkannt. Nach italienischer Besetzung im 2. Weltkrieg war es seit 1946 eine Volksrepublik nach jugoslawischem Vorbild. Unter der Regierung von Enver Hoxha wurde eine fortschreitende Politik der Isolation betrieben; zunächst der Bruch mit Jugoslawien, nach Stalins Tod mit der Sowjetunion und schließlich 1978 mit China. Diese Politik dauerte bis zu Hoxhas Tod im Jahr 1985 an und zog eine ökonomische Isolierung mit zunehmenden Entwicklungsdefiziten nach sich.

Bulgarien

Bulgarien stand vom 14.-19. Jhdt. unter osmanischer Herrschaft und wurde erst Ende des 19. Jhdts. wieder ein eigenes Fürstentum allerdings zunächst geteilt und nach wie vor unter Schutz des osmanischen Reiches. Erst Anfang des 20. Jhdts. wurde die Unabhängigkeit von der Türkei erreicht. In der Folge war Bulgarien von großen innen- und außenpolitischen Konflikten sowie von einer „Tendenz zum

autoritären Staat" geprägt, die schließlich in einen kommunistischen, Moskau-treuen Staat mündete. Insbesondere die Assimilierungspolitik gegenüber der türkisch-pomakischen Minderheit hatte Bulgarien außenpolitisch isoliert.

Rumänien

Auch Rumänien hat sehr unterschiedliche historische Wurzeln und spiegelt die Teilung des Balkan unter den Großmächten wider. Die Fürstentümer Moldau und Walachei standen bis Mitte des 19. Jhdts. unter dem Einfluss des osmanischen Reiches. Das Banat und Siebenbürgen waren dagegen Teil des Habsburger Reiches. Als Folge des 1. Weltkrieges konnte Rumänien sein Staatsgebiet fast verdoppeln, allerdings war dadurch auch der Anteil ethnischer Minderheiten, v.a. Ungarn, Deutsche und Ukrainer sehr hoch. Nach dem 2. Weltkrieg wurde nach einer relativ liberalen Phase unter Ceausescu eine zunehmend totalitäre, nationalistisch geprägte Herrschaft etabliert, welche die Minderheiten weiter unterdrückte und das Land durch eine massiv vorangetriebene Industrialisierung mit fragwürdigen Großprojekten schwächte.

4.2 Institutionen

Wie im geschichtlichen Kapitel dargestellt, waren alle betrachteten Länder Südosteuropas Teil des Ostblocks und befinden sich seither in der Transformation von der zentralverwaltungswirtschaftlichen Organisation der Wirtschaft und Gesellschaft zu einer marktwirktschaftlich orientierten Wirtschaft. Für diese neue Ordnung der Wirtschaft ist der Aufbau geeigneter Institutionen notwendig. Im Hinblick auf eine Annäherung dieser Länder an die EU ist es wichtig, dass die Institutionen nicht nur geschaffen werden, sondern auch funktionieren müssen (Hammermann und Schweickert 2005 und Filipovic 2006).

Das Problem dabei besteht jedoch darin, dass die Übernahme eines westlichen marktwirtschaftlichen Modells erwartet wird. Schon seit dem 18./19. Jahrhundert wird immer wieder von den Ländern der Region gefordert, westliche Institutionenmodelle zu übernehmen, um dann bei einem Scheitern, d.h. wenn das System nicht funktioniert, einen „mangelnden politischen Willen" bei der Umsetzung zu konstatieren. Dass sich die Institutionenmodelle aufgrund der unterschiedlichen Voraussetzungen aber nicht einfach auf andere Länder übertragen lassen, wird nicht berücksichtigt (Mungiu-Pippidi et al.

2007). Der Westen bzw. die EU scheinen demnach schon fast ein Scheitern zu erwarten, auch um die eigene institutionelle und kulturelle Überlegenheit zu demonstrieren.

Aus Sicht dieses westlichen Anspruches an funktionierende Institutionen wurden legislative, administrative und judikative Institutionen und ihre Funktionsfähigkeit in einer Studie der Weltbank in 213 Ländern miteinander verglichen (Kaufmann et al. 2006 und Hammermann und Schweickert 2005). In dieser Weltbank-Studie wurden folgende Kriterien für Indikatoren gebildet: Freiheit und Beteiligung der Bürger, Effektivität der Regierung, Qualität der Regulierung, Verlässlichkeit von Recht und Gesetz sowie Korruptionskontrolle. Diese Indikatoren und ihre zeitliche sowie länderbezogene Vergleichbarkeit müssen allerdings vorsichtig betrachtet werden, da sie auf unterschiedlichen Ranglisten und jeweils unterschiedlicher Anzahl und Art von Informationsquellen beruhen.

Insgesamt hat sich demnach die institutionelle Entwicklung in Südosteuropa im Zeitraum von 1996-2005 nicht grundlegend verbessert, auch wenn in Bulgarien, Kroatien und teilweise in Rumänien die Entwicklung häufig positiv war. Aber im Vergleich zu anderen ostmitteleuropäischen Transformationsländern (z.B. Ungarn und Polen) liegt die institutionelle Entwicklung auf einem deutlich niedrigeren Niveau. Dabei wird ein positiver Zusammenhang zwischen der institutionellen „Qualität" und wirtschaftlicher Leistungsfähigkeit vermutet (Hammermann und Schweickert 2005).

Problematisch bei der Messung des Fortschrittes der Transformation in Form von Indikatoren ist, dass von den westlichen Institutionen ein „Endpunkt" definiert wird, nämlich das Erreichen einer Marktwirtschaft. Erfolg oder Misserfolg werden nur daran gemessen, wie erfolgreich eine Gesellschaft marktwirtschaftliche Institutionen umgesetzt hat, auch wenn diese keine gewünschten Ergebnisse (z.B. in Form von geringerer Armut) erzielen (Smith 2002).

Welches sind die Gründe für die Probleme bei der Ausbildung und Umsetzung von Institutionen in Südosteuropa, abgesehen von einem häufig nicht näher spezifizierten mangelndem „politischen Willen" (Filipovic 2006)?

Ein möglicher Erklärungsansatz liegt darin, dass in Südosteuropa die Diskrepanz zwischen Gesetzesrecht und Rechtsrealität besonders groß ist. Das bedeutet, dass moderne Verfassungen und Gesetze mit traditionellem Gewohnheitsrecht konkurrieren. Es gibt kein Vertrauen in das Rechtssystem, und die Einstellung dem Staat gegenüber ist skeptisch bis ablehnend – im Gegensatz zum anonymen Vertrauen, das Bürger in den EU-Staaten zu ihren staatlichen Institutionen haben. Giordano (2007) bezeichnet diese als Gesellschaften des öffentlichen Misstrauens. In Südosteuropa hat das Private Vorrang gegenüber dem Öffentlichen, enge private soziale Netzwerke in Verwandtschaft und Freundeskreis bieten soziales Vertrauen. Gründe dafür können gemeinsame jahrhundertelange Erfahrungen mit Fremdherrschaft und auch mit dem Sozialismus sein. Unter diesen Bedingungen können Netzwerke eine Stabilität im Alltagsleben ermöglichen – auf der anderen Seite aber auch den Aufbau zivilgesellschaftlicher Strukturen im westlichen Sinne verhindern (Roth 2005).

Ein weiterer möglicher Grund für die institutionellen Probleme sind sogenannte „räuberische Eliten" aus den alten Zeiten der Planwirtschaft, die im Verlauf der Transformation ihren Macht- und Einflussbereich gesichert haben und weiterhin sichern wollen. Diese versuchen, die Politik und Wirtschaft in ihren Ländern weiterhin wesentlich zu bestimmen (Mungiu-Pippidi et al. 2007). Ein solcher Aspekt wäre besonders für die Reform auf den Strommärkten relevant.

Außerdem wird davon ausgegangen, dass politische Entscheidungsträger nicht ausreichend ausgebildet sind (Filipovic 2006).

Diese Ausführungen sind deshalb wichtig, da auch in der Energy Community ein EU-Institutionenmodell auf dem Strommarkt übernommen werden soll und sich die Frage stellt, ob diese institutionelle Reform auch nach EU-Vorstellungen umgesetzt werden kann. Pollitt (2009) betont in diesem Zusammenhang die Wichtigkeit funktionierender grundlegender Institutionen für den Reformerfolg der Energy Community. Insbesondere die Sicherung von freiem Wettbewerb und von Eigentumsrechten in Verbindung mit einer verlässlichen Rechtsprechung sollten verbessert werden.

Unter den bisherigen Umständen ist auch eine Kooperation dieser Länder zum Aufbau gemeinsamer Institutionen nach EU-Vorbild als äußerst schwierig zu bewerten.

Tabelle 2: BIP/Kopf 2005

Land	BIP/Kopf in US$
Albanien	2.618
BiH	2.687
Bulgarien	3.522
Kroatien	8.675
Mazedonien	2.932
Montenegro	3.146
Rumänien	4.548
Serbien/Kosovo	3.233

Quelle: EBRD 2007

4.3 Wirtschaft

Die zukünftige Entwicklung der Strommärkte in Südosteuropa muss vor dem Hintergrund der dortigen wirtschaftlichen Voraussetzungen betrachtet werden. Dazu werden makroökonomische Indikatoren, wie Bruttoinlandsprodukt (BIP) pro Kopf, BIP-Wachstum, Einkommensverteilung und Armut, Inflation, Verschuldung, Außenhandel sowie Arbeitslosigkeit betrachtet und an den Maßstäben der EU-Entwicklung gemessen, da die Länder Südosteuropas ein EU-Modell umsetzen müssen.

Die Transformation zu einem marktwirtschaftlichen System ist in den Ländern Südosteuropas unterschiedlich schnell, intensiv und erfolgreich initiiert worden (Bartlett 2008). Im Vergleich mit den neuen EU-Mitgliedsstaaten in Mittel- und Osteuropa besteht in der Region aus Sicht der EU bezüglich der Transformation zu einem marktwirtschaftlichen System Nachholbedarf. Beispielsweise ist der private Sektor noch nicht so gut entwickelt (Gligorov 2004). Auch wird die Privatisierung häufig von persönlichen Interessen bisheriger gesellschaftlicher und politischer Eliten geleitet (Brezinschek 2005, Mungiu-Pippidi et al. 2007).

Viele der betrachteten Länder sind infolge der neuen Staatenbildung nach dem Zerfall Jugoslawiens auch hinsichtlich ihrer Wirtschaftskraft relativ klein und durch eine unterschiedlich starke Wirtschaftsentwicklung gekennzeichnet, auch wenn alle Länder nach dem Zusammenbruch des Kommunismus eine ähnliche Entwicklung durchlaufen haben. Zunächst verzeichnete die Wirtschaft durch das Stilllegen veralteter Industrieanlagen und das Wegbrechen alter Märkte negative BIP-Wachstumsraten – in denjenigen Ländern, in denen kriegsbedingt Infrastruktur

zerstört wurde, kam es dadurch auch zu einem zusätzlichen Einbruch des Wirtschaftswachstums. Seit der Jahrtausendwende können jedoch alle Länder stabile Wachstumsraten zwischen 4-6% verzeichnen. Allerdings ist dies bei einem aufgrund der Wirtschaftskrise niedrigem Ausgangsniveau auch nicht ungewöhnlich (Von Hagen und Traistaru 2003, EBRD 2007).

Um einen Eindruck von der Wirtschaftsleistung zu bekommen, sollen das BIP/Kopf (2005) in US-Dollar betrachtet werden (siehe Tabelle 2), wobei die meisten Länder mit einem Pro-Kopf-Einkommen von +/- 3000 US-Dollar noch auf einem niedrigen Niveau liegen. Allein Kroatien mit 9000 US-Dollar und Rumänien mit 6000 US-Dollar liegen auf einem Niveau, das zumindest vergleichbar mit dem Pro-Kopf-Einkommen von Polen oder Ungarn ist. Zum Vergleich: Das Pro-Kopf-Einkommen von Deutschland im Jahr 2005 betrug knapp 34000 US-Dollar. Bei dieser Betrachtung muss allerdings beachtet werden, dass in der Kennzahl BIP/Kopf keine Aussagen über die Verteilung des Einkommens betrachtet werden und auch die „Leistungen" der Schattenwirtschaft nicht widergespiegelt werden, die traditionell in den Ländern Südosteuropas sehr groß sind (Brezinscheck 2005, EBRD 2004).

Die Einkommensverteilung gemessen am Gini-Koeffizienten[2] ist in der Region nicht besonders ungleichmäßig. Der Gini-Koeffizient entspricht dem Niveau der Länder Westeuropas. Dies liegt daran, dass unter der Zentralverwaltungswirtschaft kaum

---

2 Der Gini-Koeffizient ist ein Maß zur Darstellungen von Ungleichverteilungen z.B. des Einkommens. Hat der Koeffizient einen Wert von 0, ist das Einkommen gleichmäßig über alle Akteure verteilt, je mehr sich der Koeffizient dem Wert 1 nähert, desto größer ist die Ungleichverteilung.

Einkommensunterschiede möglich waren. Während der Transformation haben sich die Ungleichheiten v.a. in den Ländern, die schnell marktwirtschaftliche Reformen initiiert haben (Albanien, Kroatien und Mazedonien), verstärkt (Bartlett 2008). Dabei muss allerdings beachtet werden, dass bei einkommensbasierten Gini-Koeffizienten Einkommen, die nicht angegeben werden, auch nicht berücksichtigt werden können (Leitner und Holzner 2008).

Die Verteilung der Einkommen ist demnach recht homogen, aber die Einkommen befinden sich auf einem sehr niedrigen Niveau. Deshalb ist ein großes Problem in den Ländern Südosteuropas die Armut, d.h., dass zu viele Menschen die täglichen Bedürfnisse nicht mehr erfüllen können. Nach der von internationalen Organisationen wie der Weltbank definierten Armutsgrenze von täglich verfügbaren 2,15$ leben in Albanien sogar über 20% in Armut, in anderen Ländern des Untersuchungsgebietes sind dies weniger, wobei in Rumänien nach dieser Definition über 10% in Armut leben und in den anderen Ländern deutlich unter 10%. Das Problem wird dann besonders sichtbar, wenn eine geringfügig höhere Armutsgrenze von 4,3$ am Tag angenommen wird, dies wird als „Armutsvulnerabilität" bezeichnet. Demnach sind in Albanien rund 70% und in Rumänien annähernd 60% der Bevölkerung dem Risiko der Armut ausgesetzt. Auch in den anderen Ländern Südosteuropas steigt die Armutsverwundbarkeit auf 20%-40% der Bevölkerung (Bartlett 2008, Alam et al. 2005). Dabei ist v.a. die ländliche, arbeitslose Bevölkerung dem Armutsrisiko ausgesetzt.

Gleichzeitig mit dem Einbruch des Wirtschaftswachstums zu Beginn der Transformation waren die Länder Südosteuropas von einer hohen Inflation betroffen, die sich vor allem zu Beginn der 1990er Jahre im drei- bis vierstelligen Bereich bewegte. In den letzten Jahren bis 2005 konnte die Inflation allerdings kontrolliert werden und lag in den meisten Ländern unter 5%, außer in Rumänien und Serbien (10% bzw. 20%). Generell war zu beobachten, dass die Kontrolle der Inflation mit einer Stabilisierung des Wirtschaftswachstums verbunden war (EBRD 2007).

Die Verschuldungssituation der öffentlichen Haushalte in den Ländern Südosteuropas ist mit einem Anteil der Gesamtschulden am BIP von 20%-30% (Ausnahme Albanien mit 55% Schuldenanteil am BIP) eigentlich nicht problematisch (EBRD 2008), wenn man berücksichtigt, dass im Vergleich dazu

Deutschland Schulden von weit über 60% am BIP akkumuliert hat (Fuest und Thöne 2008). Trotzdem haben auch gerade infolge der globalen Finanzkrise die Länder Südosteuropas nur wenig finanzpolitischen Spielraum, da sie in den Wachstumsjahren keine Haushaltsdisziplin geübt haben und weitere Kreditaufnahmen im In- und Ausland zu teuer wären. Außerdem sind die Länder, die von Programmen des Internationalen Währungsfonds abhängen (z.B. BiH, Serbien und Rumänien), an eine bestimmte Haushaltsdisziplin gebunden (Sanfey 2010). Die Frage besteht dann, inwiefern die Länder Südosteuropas Geldmittel für das soziale Sicherungssystem und somit für das Subventionieren der Strompreise und Investitionen in Infrastruktur auf den Strommärkten zur Verfügung haben (Bartlett 2008).

Nach wie vor gibt es ein großes Problem mit der Arbeitslosigkeit, allerdings sind die offiziellen Arbeitslosenzahlen wenig aussagekräftig. Einerseits ist der Anteil der Schattenwirtschaft in Region hoch, so dass es vermutlich weniger Arbeitslose gibt, andererseits gibt es kein dem deutschen System vergleichbares Sozialleistungsnetz, so dass sich nicht alle Arbeitslosen registrieren lassen. Auf jeden Fall kann man beobachten, dass das Beschäftigungsniveau in allen Ländern immer noch niedrig ist (EBRD 2004, Gligorov 2004).

In der wirtschaftlichen Stabilisierungsphase konnte festgestellt werden, dass der Export in den Ländern Südosteuropas ein wesentlicher Wachstumsmotor war. Dabei spezialisieren sich die Länder großteils auf klassische arbeitsintensive Branchen wie Leder, Textilien oder Maschinenbau und konkurrieren deshalb auch mit Entwicklungsländern. V.a. in Kroatien und Bulgarien gibt es eine starke Konzentration auf den Tourismus (Brezinscheck 2005). Trotzdem weisen aber alle Länder noch eine negative Handelsbilanz, d.h. einen deutlichen Importüberschuss auf. Außerdem wird der meiste Außenhandel mit der EU und nicht innerhalb Südosteuropas getätigt. Das bedeutet, dass sich die Länder Südosteuropas auch bezüglich des normalen Güterhandels nicht an der Region orientieren, so dass für den Aufbau eines intraregionalen Stromhandels traditionelle wirtschaftliche Beziehungen fehlen.

Schließlich sollen die ausländischen Direktinvestitionen in der Region betrachtet werden. Der Bestand an ausländischen Direktinvestitionen/Kopf ist vor allem in Bulgarien und Kroatien überdurchschnittlich. Der Zustrom an Investitionen ist eine schwierige Kennzahl, da gerade in kleinen Ländern schon eine Großinvestition den Zustrom verdoppeln kann. Deshalb schwanken die Flusszahlen sehr. Grundsätzlich gehen von Hagen und Traistaru (2003) von einer positiven Korrelation des Bestands an ausländischen Direktinvestitionen und der institutionellen Qualität eines Landes aus. Insgesamt fließen in die Region im Vergleich zu den ostmitteleuropäischen Staaten relativ wenige ausländische Direktinvestitionen (Brezinscheck 2005). Das kann bedeuten, dass die Rahmenbedingungen für potentielle Investoren wohl nicht verlässlich genug sind, was auch für Investitionen in den Strommärkten wichtig ist.

Insgesamt lässt sich feststellen, dass Kroatien, Bulgarien und Rumänien höhere Wachstumsraten, mehr Auslandsdirektinvestitionen und eine niedrigere Arbeitslosigkeit aufweisen können als andere Staaten in der Region. Gligorov (2004) erklärt diese Entwicklung mit stabilen Demokratisierungsprozessen und einer fortgeschrittenen Handelsliberalisierung im Vergleich zu anderen Ländern Südosteuropas und folgt damit den neoklassischen Erklärungsansätzen wirtschaftlicher Entwicklung.

Aus der wirtschaftlichen Betrachtung lässt sich schließen, dass sich die Länder Südosteuropas gemessen an den klassischen makroökonomischen Indikatoren auf niedrigem Niveau stabilisiert haben. Das BIP wächst stetig und die Inflation konnte kontrolliert werden, bei noch überschaubarem Schuldenstand. Auf der anderen Seite ist ein Großteil der Bevölkerung von Armut bedroht und der offizielle Arbeitsmarkt funktioniert offensichtlich noch nicht ausreichend. Strommärkte haben demnach in der Zukunft die Aufgabe, die wachsende Wirtschaft zuverlässig zu versorgen. Gleichzeitig müssen die Strompreise die finanziellen Möglichkeiten der Konsumenten berücksichtigen. Wenn die finanziellen Mittel für Investitionen in Erzeugungs- und Übertragungskapazitäten fehlen, müssen die Rahmenbedingungen für Investitionen aus dem Ausland verbessert werden. Der geringe Anteil des intraregionalen Außenhandels ist ein Hinweis darauf, dass die Wirtschaft in Südosteuropa bisher kaum integriert ist.

Es stellt sich daher die Frage, ob unter diesen Umständen ein gemeinsamer Strommarkt geschaffen werden kann. Dazu ist es notwendig, dass die Länder bzw. ihre Institutionen miteinander kooperieren.

4.4 Regionale Kooperationen

Seit den 1990er Jahren ist regionale Kooperation in Südosteuropa ein Prozess, der vor allem von der EU und den USA vorangetrieben wurde. Dabei wurden teilweise auch parallele Initiativen lanciert, wie z.B. Mitte der 1990er Jahre die Southeast Cooperative Initiative (SECI) der EU sowie der „Royaument Prozess" der USA (Bechev 2006). Todorova (2004) bezeichnet die Kooperation in der Region als „identity politics", d.h. als Identitätsstiftung von außen, als Form der sozialen Kontrolle aus Sicht der EU oder den USA. Die Frage ist, ob die starke externe Motivation auch zu einer intern motivierten Kooperation führen kann.

Unter dem Eindruck der andauernden kriegerischen Auseinandersetzungen in Südosteuropa wurde 1999 nach Ende des Kosovo-Krieges zwischen den Balkanstaaten und der internationalen Staatengemeinschaft (z.B. EU, Russland, USA) der so genannte Stabilitätspakt vereinbart, v.a. um erfolgreiche Konfliktprävention zu betreiben und transnationale Aktivitäten zu unterstützen. Außerdem sollte das Ziel des Stabilitätspaktes als eine Art Anreiz eine EU-Beitrittsperspektive sein. Schwerpunkt war die Förderung von regionaler Kooperation, was als besonders wichtig eingeschätzt wurde, da insbesondere in dieser Region das gegenseitige Misstrauen, offene „historische Rechnungen" sowie eine Art nationaler Wettbewerb belastend wirken. Die Nachbarn werden eher als Sicherheitsrisiko denn als Partner gesehen. Für die meisten Staaten Südosteuropas war der Hauptanreiz zur Teilnahme am Stabilitätspakt deshalb v.a. die EU-Perspektive sowie die Verteilung von Fördergeldern (Biermann 1999).

In diesem Sinne hat der Stabilitätspakt auch eher dazu gedient, die Fördergelder der internationalen und bilateralen Geldgeber zu koordinieren, als Kooperationen zwischen den Empfängerländern zu initiieren. Im Jahr 2008 lief der Stabilitätspakt aus und ist in eine weitere Kooperationsinitative, den so genannten Regional Cooperation Council (RCC) übergegangen, in dem regionale Kooperation mehr von innen heraus entwickelt werden „soll" (Bartlett 2008).

Es lässt sich aber trotzdem feststellen, dass im Zuge des Stabilitätspaktes die Kooperation zwischen den Ländern verbessert wurde, zumindest wurde die Schaffung der Freihandelszone CEFTA verhandelt, ebenso wie der Vertrag zur Energy Community in

Südosteuropa. Im Jahr 2007 trat das Freihandelsabkommen „CEFTA 2006" in Kraft, das über 30 bilaterale Abkommen ersetzen sollte. Dabei wurde aber auch deutlich, dass, um die nichttarifären Handelshemmnisse abzubauen, eine vertiefte Kooperation zwischen den Ländern notwendig ist, die allerdings noch sehr kritisch eingeschätzt wird (Bartlett 2009, Altmann 2007).

Grundsätzlich wird, wie schon beschrieben, Südosteuropa aus Sicht der betroffenen Länder als eine Region definiert, die negativ bewertet wird und von der sich die betroffenen Länder möglichst distanzieren wollen (Bjelic 2002, Todorova 2004). Das Problem bei der durch die EU geförderte Kooperation ist zusätzlich, dass diese als Bedingung für eine Annäherung oder sogar für einen Beitritt zur EU formuliert wird. Damit bedeutet die interregionale Kooperation für die beteiligten Länder nur ein Mittel zum Zweck zur Kooperation mit der EU, so dass sich eine ernsthafte multilaterale Kooperation zwischen diesen Ländern nicht entwickeln kann. Einzelne Länder versuchen deshalb auch, sich abzugrenzen und eher auf bilateraler Ebene oder auch nur vorgetäuscht zu kooperieren (Bechev 2006, Noutcheva 2007).

Für die Kooperationsbereitschaft in der Energy Community lässt sich daraus schlussfolgern, dass v.a. die Bereitschaft bezüglich der Harmonisierung von gesetzlichen und administrativen Regelungen, d.h. auf der operativen Ebene weiterhin erschwert ist und von den großen politischen Initiativen noch nicht in besonderem Maße stimuliert werden konnte.

Welche Schlussfolgerungen lassen sich aus den historischen, institutionellen und wirtschaftlichen Betrachtungen Südosteuropas für die geplante Energy Community in dieser Region ziehen?

Aus der Geschichte der z.T. gemeinsam erlebten Fremdherrschaft und gleichzeitig von ethnischen Konflikten während der Entstehung von Nationalstaaten lässt sich feststellen, dass die Voraussetzungen für eine Kooperation schlecht sind. Dies gilt insbesondere, da diese extern motiviert ist und die Länder Südosteuropas ein Modell übernehmen sollen, bei dessen Umsetzung sie – gemessen an EU-Standards und angesichts der derzeitigen Voraussetzungen – nur „scheitern" können. Da auch das Vertrauen in Institutionen wenig entwickelt ist, sind die Chancen für Investitionen (auch aus dem Ausland) und für die erfolgreiche Privatisierung und Deregulierung staatlicher Energieunternehmen gering. Die wachsende Wirtschaft braucht eine zuverlässige Energieversorgung. Da damit zu rechnen ist, dass diese nach der Liberalisierung teurer wird, stellt sich die Frage, ob die fragile Wirtschaft höhere Energiekosten tragen kann.

Mit den Informationen über das Untersuchungsgebiet und den sich daraus für die Forschungsfragestellungen ergebenden Problemen werden im folgenden Kapitel 5 die konkreten Reformfortschritte bei der Liberalisierung und Integration von Südosteuropas Strommärkten beschrieben und analysiert.

5 Stand der Reformen im südosteuropäischen Strommarkt

In diesem Kapitel werden die Strommärkte in den neun Ländern der Energy Community und ihre Reformen detailliert beschrieben, um herauszuarbeiten, in welchen Bereichen sich mögliche Probleme in einem liberalisierten und integrierten Strommarkt ergeben.

5.1 Ausgangsbedingungen für die Strommarktreform in Südosteuropa

Bevor der Stand der Reformen in den Strommärkten in Südosteuropa analysiert wird, sollen im folgenden Abschnitt die Ausgangsbedingungen für die Reformen erläutert werden. Unter welchen Voraussetzungen können Strommarktreformen in Entwicklungs- und Transformationsländern erfolgreich sein? Außerdem wird diskutiert, welche konkreten Ausgangsbedingungen aus der Zeit der Planwirtschaft in Südosteuropa bestehen.

5.1.1 Reformen von Strommärkten in Entwicklungs- und Transformationsländern

Der Trend der Strommarktreform seit den 1980er Jahren hat auch im Verlauf der 1990er Jahre Entwicklungs- und Transformationsländer erfasst (Bacon und Besant-Jones 2001). Die Erfahrungen mit Reformen auf den Strommärkten beschränken sich allerdings auf die Liberalisierung. Erste Integrationserfahrungen gibt es vorwiegend in der EU.

Im Gegensatz zu den westlichen Industrieländern haben die Strommärkte in Entwicklungs- und Transformationsländern andere Voraussetzungen. In Industrieländern ist in der Regel ein Kapazitätsüberschuss vorhanden, so dass das Ziel einer Reform meist eine Verbesserung der Effizienz ist. In Entwicklungs- und Transformationsländern sind typischerweise Kapazitätsengpässe das Problem, so dass es hier bei der Strommarktreform um mehr Versorgungssicherheit geht (Pollitt 2009).

Da die Strompreise in Transformations- und Entwicklungsländern großteils staatlich subventioniert sind, werden zudem die öffentlichen Haushalte oft besonders belastet, so dass eine Liberalisierung und Privatisierung angestrebt wird, um zur Konsolidierung der Haushalte beizutragen (Jamsb et al 2004). Durch die niedrigen Preise wird nicht kostendeckend produziert, so dass zudem zu wenig in die Kraftwerke und Netzinfrastruktur investiert wird. Die infolge der Reformen angenommenen erhöhten Preise können zwar nicht unbedingt von der armen Bevölkerung bezahlt werden, sollen aber dann weiterhin durch eine zielgruppenorientierte und damit effizientere Subventionierung abgefedert werden (Bacon und Besant-Jones 2001).

Die Reformen von Strommärkten in Entwicklungsländern wurden häufig von internationalen „Geberorganisationen", wie z.B. der Weltbank, vorangetrieben und auch als Bedingung vorgegeben, um den Stromsektor in diesen Ländern finanziell zu unterstützen. Allerdings hat die Weltbank ihre strikte Reformstrategie nach einigen internen kritischen Studien zu den Ergebnissen der Reform etwas entspannt (Gratwick und Eberhard 2008):

Jamasb et al. (2004) haben empirische Studien zum Erfolg von Strommarktreformen in Entwicklungs- und Transformationsländern ausgewertet. Dabei deutet sich an, dass es zwischen der Einrichtung einer unabhängigen Regulierungsbehörde, freiem Wettbewerb und kostendeckenden Preisen keinen signifikanten Zusammenhang in Entwicklungsländern gibt. Sie kommen zu dem Schluss, dass aufgrund von Daten- und von methodischen Problemen keine eindeutigen Folgerungen über die Auswirkung der Reformen möglich sind und dass diese deshalb eher ideologisch motiviert seien und aus theoretischen Gründen unterstützt würden. Sie stellen aber fest, dass Reformen in jedem Fall funktionierende Institutionen benötigen.

In diesem Zusammenhang hat sich nach Besant-Jones (2006) gezeigt, dass jedes Land eigene Reformmodelle braucht, die auf die spezifischen Ausgangsbedingungen abgestimmt sind. Das Übernehmen eines Modells, das in einem Land funktioniert, kann in dem nächsten Land fehlschlagen.

Auch von anderen Autoren wird vorgeschlagen, aufgrund der unterschiedlichen Voraussetzungen und Bedürfnisse in Entwicklungsländern die Strommärkte in abgestuftem Maße zu liberalisieren, da beobachtet werden konnte, dass freier Wettbewerb nicht immer zu den gewünschten Ergebnissen führt (z.B. Pollitt 2009, Gratwick und Eberhard 2008, Wamukonya 2003 und Dubash 2001).

Das Übertragen des EU-Modells auf Südosteuropa muss vor diesem Hintergrund sehr kritisch gesehen werden, auch wenn es in bestimmter Hinsicht einen Ermessensspielraum erlaubt, z.B. bei der Wahl des Handelsmodells oder bei der Allokation der Transferkapazitäten. Ein Nachteil dieser Wahlmöglichkeiten besteht darin, dass heterogene Institutionen entstehen, die dann die Integration der Strommärkte erschweren.

Im Folgenden wird diskutiert, welches die spezifischen Voraussetzungen in Südosteuropas Strommärkten sind.

5.1.2 Energiepolitik in der Planwirtschaft

Vor 1990 waren die Länder Südosteuropas planwirtschaftlich organisiert, wobei die Tolerierung von privatwirtschaftlichen Aktivitäten sehr unterschiedlich war. Im Strommarkt gab es so gut wie keine privatwirtschaftlichen Aktivitäten. Seit dem Ende des Kommunismus befinden sich die Länder in einer Transformationsphase, in der der Umbau zu einer dezentral organisierten Marktwirtschaft gestaltet werden muss. Um die aktuellen Probleme auf den Strommärkten der Region zu verstehen, soll im Folgenden die Energiewirtschaft in Südosteuropa vor der Transformation kurz skizziert werden.

Der Energieverbrauch war in Südosteuropa im Vergleich zu Westeuropa im Durchschnitt wesentlich höher, da in diesen Ländern die Industrie überdurchschnittlich viel Energie verbrauchte. Die Länder Südosteuropas hatten bis auf Rumänien kaum eigene Primärenergieressourcen und waren deshalb sehr stark auf Öl- und Gaslieferungen aus der Sowjetunion angewiesen. Insgesamt versuchte der gesamte RGW-Raum[1], in sich autark zu bleiben (Schappelwein 1990).

In Westeuropa hatte der Ölpreisschock 1973 eine nachhaltige Auswirkung auf die Veränderungen der Energiestrukturen, während diese Krise die RGW-Länder nicht tangierte, da in diesem Wirtschaftsraum der Ölpreis niedrig gehalten wurde. Zwischen den Ländern des RGW gab es ein „Vereinigtes Elektroenergie-Verbundsystem", um zu verhindern, dass ein Mangel an Elektrizität entstand. Mitte der 80er Jahre kam es zu einer Versorgungskrise, da einerseits geplante Kernkraftwerke nicht fertig gestellt werden konnten und andererseits die Nachfrage nach Strom sich steigerte (Schappelwein 1990).

Die Energieintensität (Verhältnis von Primärenergieverbrauch und BIP) der RGW-Länder betrug das zwei- bis dreifache der Intensität in Westeuropa. Auch der Pro-Kopf-Energieverbrauch in RGW-Ländern war höher. Aufgrund der Mengenplanung im System der Planwirtschaft war es nicht notwendig, Energie sparsam einzusetzen (Dietz 1984).

In der Zentralverwaltungswirtschaft wurden die Energiepreise typischerweise stark subventioniert und es fand eine Quersubventionierung von Industrie und Handel zu Haushalten statt. Diese Tarifpolitik wurde und wird noch im Transformationsprozess beibehalten (Kennedy 2003).

Nach dem Zusammenbruch des planwirtschaftlichen Systems verringerte sich in der Region die Industrieproduktion stark und der Anteil der Haushalte am Stromkonsum ist mittlerweile auf fast 50% im Regionsdurchschnitt gestiegen. Dies wurde durch niedrige Preise und geringe Zahlungsmoral begünstigt, was z.T. zu einer Spitzenbelastung des Systems und zu einer Überlastung führte (IEA 2008). Im Verlauf des Transformationsprozesses wird allerdings wieder mit steigender Nachfrage gerechnet (PriceWaterhouseCoopers 2004).

In der ersten Transformationsphase in den 1990er Jahren wurden große Teil der Infrastruktur auf den Strommärkten infolge der Kriege entweder nicht gewartet oder aber zerstört. So wurden z.B. in Bosnien-Herzegowina die Hälfte der Stromerzeugungskapazität, 60% der Übertragungsnetze sowie annähernd die gesamten Weiterleitungsnetze vernichtet (Altmann 2007).

Nach den allgemeinen regionalen Voraussetzungen werden nun länderspezifische Bedingungen auf den Strommärkten Südosteuropas analysiert.

---

1 Der RGW (Rat für gegenseitige Wirtschaftshilfe)-Raum war der wirtschaftliche Zusammenschluss der sozialistischen Staaten unter Führung der Sowjetunion

5.2 Länderspezifische Eigenschaften der Strommärkte in Südosteuropa

Der folgende Abschnitt charakterisiert die Strommärkte in den einzelnen Ländern der Energy Community hinsichtlich der Marktgröße und der verwendeten Energieträger und erläutert die Voraussetzungen und den Stand der Reformbemühungen auf den Strommärkten.

5.2.1 Albanien

Mit einer installierten Kapazität von ca. 1,4 GW gehört Albanien zu den kleineren Stromerzeugerländern in Südosteuropa (PriceWaterhouseCoopers 2004). Auf dem albanischen Strommarkt besteht in besonderem Ausmaß das Problem der Verfügbarkeit von Strom und der fehlenden Zahlungsmoral der Konsumenten, v.a. der privaten Haushalte (ECS 2006a). Die Verfügbarkeit von Strom wird v.a. durch den hohen Anteil an Wasserkraft (ca. 98%) erschwert, da Wasserkraft besonders von den meteorologischen Bedingungen abhängt. In einem trockenen Jahr (z.B. 2007) muss Albanien mehr Strom importieren als es Importkapazitäten hat. Deshalb kommt es zu Stromausfällen (Pöyry Energy Consulting 2009a).

Die Reformen auf dem albanischen Strommarkt haben seit 2002 begonnen und seither wurden auch die Grundvoraussetzungen für einen liberalisierten Markt geschaffen. Aber die Umsetzung der Reformen ist aus Sicht der OECD bzw. der IEA noch unzureichend (IEA 2008). So sind beispielsweise alle Konsumenten theoretisch berechtigt, den Stromhändler frei zu wählen, aber bisher hat nur ein Unternehmen von dieser Möglichkeit Gebrauch gemacht (Energy Consulting 2009). Ebenso ist die Regulierungsbehörde ERE laut Gesetz unabhängig von der Regierung, allerdings entsprechen die tatsächlichen Kompetenzen noch nicht den Anforderungen (ECS 2008).

Albanien ist noch nicht Mitglied von ENTSO-E, auch wenn das albanische Stromnetz synchron zum UCTE-Netz läuft (Hammons 2004). Außerdem sind die Reformen in Bezug auf die Integration in einen gemeinsamen Strommarkt und hinsichtlich der Transparenz des Übertragungsnetzbetreibers nicht weit fortgeschritten (ECS 2009b).

5.2.2 Bosnien-Herzegowina

Das größte Problem für Bosnien-Herzegowina auf dem Gebiet des Strommarktes ist es, dass infolge des Krieges ein föderaler Staat geschaffen wurde mit zwei Teilstaaten, der serbischen Republik Srpska und der Föderation Bosnien-Herzegowina. Beide haben auch auf dem Gebiet des Strommarktes eigene Strukturen institutionalisiert und arbeiten kaum zusammen. Während des Krieges wurde nicht nur die Infrastruktur des Strommarktes zerstört, sondern es verließen auch Fachkräfte des Sektors das Land oder wurden getötet (Scholl 2009).

Nach dem Krieg wurde das nationale Versorgungsunternehmen dreigeteilt, in zwei Teile EPBiH und EPHZHB in der Föderation Bosnien-Herzegowina sowie ERS in der Republik Sprska EPRS. Ein großes Problem besteht darin, dass diese Unternehmen nur Strom für ihre „eigene" Ethnie zur Verfügung stellen wollen, so dass ihr Verantwortungsbereich räumlich zersplittert ist, da die einzelnen Ethnien in heterogenen Siedlungsgebieten leben. Jedes dieser Unternehmen stellt in seinem Bereich praktisch ein Monopol dar (Scholl 2009).

EPBiH ist das größte Unternehmen mit ca. 44% der installierten Kapazität, was ca 1,6 GW entspricht, die sich aus Kohlekraftwerken sowie Wasserkraft zusammensetzt. EPHZHB hat nur Wasserkraftwerke mit einer Kapazität von 0,8 GW. Da diese aber stark von den meteorologischen Bedingungen abhängen und es dort außerdem einen großen industriellen Konsumenten gibt, sind Importe notwendig (Pöyry Energy Consulting 2009a). EPRS hat eine installierte Kapazität von 1,3 GW.

Was die Übertragung angeht, so war seit 1992 bis 2004 infolge des Krieges die Föderation Bosnien Herzegovina innerhalb der ersten westeuropäischen UCTE-Zone und der andere Teil (Republik Sprska) innerhalb der zweiten isolierten, aber parallel laufenden UCTE-Zone, so dass kein gemeinsamer Markt entstehen konnte (Eurelectric 2002).

Die Existenz der Teilstaaten hat einen erheblichen Einfluss auf die Reformen im Strommarkt. Im Gegensatz zu anderen Ländern der Energy Community besteht in Bosnien-Herzegowina zunächst die Herausforderung, dass der Strommarkt eine grundlegende Versorgung der Konsumenten sicherstellen können sollte (ECS 2009b).

Auf föderaler Ebene wurde der Übertragungsnetzbetreiber rechtlich entflochten. Dabei wurde er aufgeteilt in einen unabhängigen Systembetreiber (ISO) und ein Übertragungsunternehmen (ECS 2006b).

Es gibt eine übergeordnete Regulierungsbehörde (SERC), die die Preise für den ISO und den Anbieter von Transmission Services festsetzt. Daneben betreibt aber noch jeder Teilstaat eine Regulierungsbehörde, die die Stromerzeugung und -verteilung regelt. Diese parallelen Institutionen auf jeder Ebene sind v.a. angesichts der kleinen Teilstaaten ineffizient (Scholl 2009).

5.2.3   Bulgarien

Der bulgarische Strommarkt hat eine installierte Kapazität von ca. 11 GW. Die meisten Kraftwerke stammen noch aus den 1970er und 1980er Jahren. Die volle Kapazität wird auch nicht ausgenutzt. Bulgarien produziert ca. 20% seines Stroms mit Kernkraftwerken, ca. 20% mit Wasserkraft und den verbleibenden Anteil mit thermischen Kraftwerken. Die Kapazität der Kernkraftwerke war höher, aber auf Druck der EU hin mussten vier Reaktoren stillgelegt werden, so dass die Produktionskapazität Bulgariens erheblich reduziert wurde (Ganev 2009).

Der bulgarische Strommarkt ist deshalb insgesamt von der Diskussion über den Neubau eines neuen Kernkraftwerks in Belene geprägt. Dieses Projekt soll in Zukunft den steigenden Stromverbrauch bedienen und auch Bulgariens Stellung als Stromexporteur festigen. Allerdings gab es bisher vorwiegend Probleme mit dem Projekt. Investoren sind wieder aus dem Projekt ausgestiegen und die Finanzierung sowie andere Risiken des Gebietes (wie z.B. Erdbeben) erschweren seine Realisierung. Mit einer baldigen Fertigstellung ist nicht zu rechnen. Ziel der bulgarischen Energiepolitik ist es, auch durch den Bau neuer Kraftwerke die Energieversorgung in der Region weiterhin zu dominieren (Ganev 2009).

In 2005 wurden ca. 44 000 GWh Strom produziert, davon ca. 40% aus Kernkraftwerken. Im Inland werden 24 000 GWh Strom verbraucht. Die Strompreise sind in den letzten Jahren stark gestiegen. Als Nettostromexporteur handelt Bulgarien vorwiegend mit Serbien, Rumänien und Mazedonien aus dem Bereich der Energy Community und mit Griechenland und der Türkei (Ganev 2009).

Bulgarien war seit 1996 Teil der zweiten isolierten UCTE-Zone, die erst 2003 wieder in die erste Zone reintegriert wurde (Vailati 2009).

Die Reformen auf dem bulgarischen Strommarkt sind sehr stark infolge des Beitritts zur Europäischen Union forciert worden. Es bestand deshalb ein großer Druck, entsprechende Institutionen schnell zu reformieren. Obwohl die notwendigen Reformen auf dem Papier umgesetzt worden sind, besteht laut Ganev (2009) anscheinend kein Interesse daran, dass wirklich ein Wettbewerb auf dem bulgarischen Strommarkt entsteht.

5.2.4   Kosovo

Während des Kosovo-Krieges wurde auch hier die Infrastruktur des Strommarktes zerstört, so dass noch 2004 weniger als die Hälfte der installierten Kapazität von 1,5 GW genutzt werden konnte. Der Kosovo ist ein Nettoimporteur von Strom (Energy Regulatory Office 2005). Auch vor der Unabhängigkeit von Serbien war der Kosovo schon ein eigenes Unterzeichnerland für die Energy Community.

Interessant für Südosteuropa sind v.a. die Lignit-Vorkommen im Kosovo, die von guter Qualität und billig sind, aber bisher nur zu einem ganz geringen Teil abgebaut werden (ECS 2006c).

Für die verantwortlichen Institutionen im Kosovo kommt der Liberalisierungsdruck nur von außen, sie versuchen, möglichst viel Macht zu erhalten (Kovacevic et al. 2007). Im Jahr 2006 wurde zwar das Übertragungsnetzwerk rechtlich entflochten und auch die Konsumenten sind theoretisch berechtigt, ihren Marktanbieter zu wählen, aber faktisch ist auf dem Strommarkt Kosovos noch kein Wettbewerb entstanden (ECS 2009b).

Die größten Schwierigkeiten jedoch bereiten die Probleme mit den Institutionen des serbischen Strommarktes. Der TSO KOSTT wird von Serbien nicht als Marktbetreiber anerkannt und von der UCTE nicht als eigenständiges Kontrollgebiet angesehen (ECS 2009b). Da alle grenzüberschreitenden Kapazitäten von Serbien kontrolliert werden, gibt es bisher keine eigenständige Verteilung dieser Kapazitäten (Pöyry Energy Consulting 2009a).

5.2.5 Kroatien

Kroatien ist ein Nettoimportland, obwohl es unter normalen hydrologischen Bedingungen ausreichende Erzeugungskapazitäten hätte, um die Nachfrage zu decken. Da aber die Stromerzeugung in den veralteten thermischen Kraftwerken zu teuer ist, werden ca. 25% der Nachfrage importiert (Androcec und Viskovic 2004).

Kroatien betreibt zwar kein eigenes Kernkraftwerk, aber der staatliche Stromerzeuger HEP hält eine 50%ige Beteiligung an dem slowenischen Kernkraftwerk Krsko. Darunter fällt auch die gemeinsame Verantwortung für den Sonderabfall (European Commission 2007). Da infolge des Zerfalls des ehemaligen jugoslawischen Staates die Besitzverhältnisse nicht ganz geklärt waren, gab es in der Vergangenheit Konflikte um die Nutzung des Kernkraftwerkes (Eurelectric 2002).

Auf diese Weise basieren ca. 10% der installierten Erzeugungskapazitäten in Kroatien auf Kernkraft, ca. 50% auf Wasserkraft und die restlichen 40% werden von thermischen Kraftwerken bereitgestellt (Pöyry Energy Consulting 2009a).

Kroatien hat schon im Jahr 2000 im Zuge der EU-Beitrittsverhandlungen mit der Reform des Strommarktes begonnen und ist damit theoretisch schon weit fortgeschritten. Die Marktöffnung gilt seit 2008 für alle Konsumenten; speziell für gewerbliche Konsumenten gilt die Verpflichtung, dass diese selbst einen neuen Vertrag mit einem Stromanbieter abschließen müssen. Allerdings dürfen sie „notfalls" bei ihrem bisherigen Anbieter zu regulierten Preisen bleiben (ECS 2009b).

Die Regulierungsbehörde HERA ist nicht vollständig unabhängig, da z.B. die Regierung die Preise festsetzt (European Commission 2007).

5.2.6 Mazedonien

Mazedonien gehört mit Albanien, Montenegro und dem Kosovo zu den kleinen Ländern auf dem Strommarkt in Südosteuropa. Es hat eine installierte Kapazität (2003) von ca. 1,5 GW, davon sind ca. 35% Wasserkraftwerke und 65% thermische Kraftwerke.

Die Reformen auf dem Strommarkt in Mazedonien sind v.a. im Bereich der Privatisierung und Entflechtung schon weit fortgeschritten. Im Jahr 2005 wurde das vertikal integrierte Unternehmen ESM rechtlich in zwei Stromerzeugungsunternehmen, einem Übertragungs- und einem Verteilungsnetzbetreiber, entflochten (Pöyry Energy Consulting 2009a).

5.2.7 Montenegro

Der Strommarkt in Montenegro ist ebenfalls dadurch gekennzeichnet, dass er mit einer installierten Kapazität von 0,8 GW sehr klein ist. 2006 wurden ca. 2.600 GWh produziert. Rund 60% der Produktion kommt aus Wasserkraftwerken. Aber durch den Bedarf einer großen Aluminium-Firma von über 40% am Gesamtkonsum in Montenegro ist das Land sehr stark von Stromimporten abhängig (Silva et al. 2009).

Die Reformen auf dem Strommarkt sind nach Einschätzung von Pöyry Energy Consulting (2009a) und ECS (2009b) noch in einem Anfangsstadium, der Übertragungsnetzbetreiber wurde erst 2009 rechtlich entflochten.

5.2.8 Rumänien

Rumänien ist seit 2007 EU-Mitglied und musste als unmittelbarer Beitrittskandidat schon 2002 die von der EU geforderten Reformen umsetzen, so dass die Reformen auf dem Strommarkt schon sehr weit entwickelt sind (Diaconu et al. 2009).

Rumänien ist einer der größten Strommärkte in Südosteuropa mit einem Konsum von ca. 41.000 GWh im Jahr 2006. Davon wird gut die Hälfte von thermischen Kraftwerken produziert, die andere Hälfte von Atomkraftwerken und Wasserkraftwerken. Diese haben eine installierte Kapazität von ca.18 GW, allerdings sind einige thermische Kraftwerke veraltet, so dass der Reservespielraum erheblich reduziert ist. Dazu kommt, dass die Produktion der Wasserkraftwerke stark von meteorologischen Bedingungen abhängt. In trockenen Jahren kann es daher vorkommen, dass Spitzenbelastungen nicht mit eigenen Kapazitäten gedeckt werden können. Im Jahresdurchschnitt ist Rumänien aber ein Nettoexporteur und handelt mit Serbien und Bulgarien aus der Energy Community sowie mit der Ukraine und Ungarn (Diaconu et al. 2009).

In Rumänien ist mit OPCOM eine eigene Betreibergesellschaft für den Stromhandel installiert worden. Diese hat die bisher einzige Strommarktbörse in Südosteuropa eingerichtet und somit die Voraussetzungen für eine transparente Preisbildung geschaffen (Constantinescu 2003). Das gesamte Netz soll modernisiert und gerade die internationalen Leitungen ausgebaut werden (Diaconu et al. 2009). Rumänien war seit 1994 Teil der zweiten isolierten UCTE-Zone, die erst 2003 wieder in die erste Zone reintegriert wurde (Vailati 2009).

Die regulierten Preise sind zwar gestiegen, aber nach wie vor viel zu niedrig und führen dazu, dass die Stromerzeuger stark verschuldet sind. Außerdem gibt es ein erhebliches Problem mit der Zahlungsdisziplin der Abnehmer (Kennedy 2005). Dadurch müssen die Stromerzeuger mit staatlichen Beihilfen unterstützt werden, die nach europäischer Gesetzgebung kritisch gesehen werden (Diaconu et al. 2009). Es muss auch zu erheblichen neuen Investitionen kommen, damit Rumänien seinen Status als Nettoexporteur behalten kann (Kennedy 2005).

5.2.9   Serbien

Der Strommarkt in Serbien hat eine installierte Kapazität von ca. 8 GW. Probleme des Strommarktes liegen in den veralteten Erzeugungsanlagen und darin, dass Kohle als eigene Energiequelle zu 80% im Kosovo-Gebiet abgebaut wurde. Durch die Unabhängigkeit des Kosovos ist der Zugang zu dieser wichtigen Energiequelle unsicher geworden (Jednak et al. 2009).

Serbien ist für den Stromhandel in Südosteuropa aufgrund seiner zentralen Lage ein wichtiges Land, da alle Transaktionen über Serbien abgewickelt werden müssen (Jednak et al. 2009). Bisher ist das serbische Netz noch nicht offen für internationale Händler. Das Problem besteht darin, dass es in Serbien Kapazitätslimits gibt und so der gesamte Markt in Südosteuropa nicht richtig funktioniert (Jednak et al. 2009).

Die Reformen auf den Strommarkt sind zwar theoretisch auf den Weg gebracht, aber es besteht die Einschätzung, dass die Implementierung nicht ausreichend ist und der staatliche Stromversorger seine Position im Markt erhalten möchte (ECS 2009b). Des Weiteren sind theoretisch nicht-private Konsumenten berechtigt, eigene Verträge mit den Händlern bzw. Anbietern auszuhandeln, aber bisher nimmt keiner diese Möglichkeit wahr (Pöyry Energy Consulting 2009a).

5.3 Stand der Reformen in Südosteuropa

In diesem Abschnitt wird der Stand der Reformen in den Strommärkten Südosteuropas bezüglich der wichtigsten Anforderungen an die Liberalisierung und Integration länderübergreifend analysiert.

5.3.1   Liberalisierung

Da die Länder des südosteuropäischen Energiemarktes die EU-Direktive 2003/54/EC umsetzen müssen, gelten für diese bei der Liberalisierung dieselben Vorgaben wie für die EU-Mitgliedstaaten.

Tabelle 3: Grad der Entflechtung

Land	Übertragungsentflechtung
Albanien	Rechtliche Entflechtung, TSO zu 100% in staatlicher Hand
BiH	Rechtliche Entflechtung, Trennung in ISO und Netzunternehmen, 100% in Besitz beider Teilstaaten
Bulgarien	Rechtliche Entflechtung, TSO zu 100% in staatlicher Hand
Kosovo	Rechtliche Entflechtung
Kroatien	Rechtliche Entflechtung, TSO (Teil der HEP-Gruppe) und Market Operator (zu 100% in staatlicher Hand)
Mazedonien	Rechtliche Entflechtung, TSO zu 100% in staatlicher Hand
Montenegro	Rechtliche Entflechtung, TSO zu 100% in staatlicher Hand
Rumänien	Eigentumsrechtliche Entflechtung, TSO zu 90% in staatlicher Hand
Serbien	Rechtliche Entflechtung, TSO zu 100% in staatlicher Hand

Quelle: Pöyry Energy Consulting 2009a, ECS 2009a, Diaconu 2009

Tabelle 4: Marktöffnung

Land	Formale Marktöffnung	Bemerkungen zum Anbieterwechsel
Albanien	Alle nicht-Haushalt Kunden	Bisher nur ein Anbieterwechsel
BiH	Alle nicht-Haushalt Kunden	Bisher kein Anbieterwechsel
Bulgarien	Alle Kunden	Große und mittlere Unternehmen
Kosovo	Kunden, die über 10kv angeschlossen sind	Es gibt zwei ausgewiesene berechtigte Kunden
Kroatien	Alle Kunden	Verbindlich für große und mittlere Unternehmen
Mazedonien	Kunden, die über 100kv angeschlossen sind	Es gibt acht ausgewiesene berechtigte Kunden
Montenegro	Alle nicht-Haushalt Kunden	Nur ein Anbieter übt sein Wahlrecht aus
Rumänien	Alle Kunden	Große und mittlere Unternehmen
Serbien	Alle nicht-Haushalt Kunden	Bisher kein Anbieterwechsel

Quelle: Pöyry Energy Consulting 2009a

Restrukturierung

Bei der Restrukturierung bedeutet das, dass eine funktionale und auch rechtliche Entflechtung der Übertragungsnetzbetreiber von der Erzeugung und dem Handel auf den Weg gebracht werden sollte. Für die Weiterleitungsnetzbetreiber gelten noch – je nach Größe des Kundenkreises – Ausnahmen. Diese Anforderung der Liberalisierung, zumindest im Bereich des rechtlich getrennten Übertragungsnetzbetreibers, haben im Jahr 2009 alle betroffenen Länder theoretisch erfüllt (siehe Tabelle 3). Rumänien hat dazu eine eigentumsrechtliche Trennung begonnen.

Das Problem bei der rechtlichen, funktionalen und buchhalterischen Entflechtung ist es, die Trennung auch faktisch einzuhalten. Dies sollte transparent kontrolliert werden, was aber z.B. in Mazedonien, Montenegro und Serbien noch nicht vorgeschrieben ist (ECS 2009a). Es muss daher damit gerechnet werden, dass Übertragungsnetzbetreiber noch faktisch mit ihren Erzeugern bzw. Anbieter verbunden sind. Die Aufspaltung des „klassischen" TSOs in einen ISO und einen Marktbetreiber, wie in Kroatien, ruft anscheinend Kooperationsprobleme zwischen den beiden Institutionen hervor (ECS 2009b).

Die Entflechtung der Weiterleitungsnetzbetreiber (DSO) ist im Verhältnis zu den TSOs nicht so weit fortgeschritten und sehr heterogen (Pöyry Energy Consulting 2009b).

Wettbewerb

Der erzeugte Strom wird über Anbieter bzw. Händler an die Kunden vertrieben. Die Terminologie betreffend Händler und Anbieter ist in Südosteuropa unterschiedlich. Eigentlich ist der Händler eine Institution, die zwischen dem Erzeuger und dem Anbieter von Strom steht. Der Händler kauft in der Regel große Mengen an Strom und verkauft diese in kleineren Einheiten weiter und ist damit ein Akteur des Großhandelsmarktes. Der Anbieter verkauft dagegen den Strom an die Endkunden, kann aber auch aus Portfolio-Optimierungsgründen den Strom an Zwischenhändler verkaufen. In Südosteuropa werden dagegen diese Unterschiede in den Funktionen nicht immer gemacht. So gibt es Länder, in denen es nur Anbieter oder nur Händler oder auch beides gibt (SEETEC 2006).

Um auf den Strommärkten Wettbewerb zu ermöglichen, muss einerseits den Kunden erlaubt werden, ihren Anbieter zu wechseln. Außerdem ist es notwendig, dass Rahmenbedingungen für ein Marktmodell geschaffen werden.

Bezüglich der Marktöffnung haben die beteiligten Länder teilweise schon relativ weitgehende rechtliche Grundlagen geschaffen (siehe Tabelle 4). So sind in Rumänien, Bulgarien und Kroatien theoretisch alle Kunden berechtigt, ihren Stromanbieter zu wechseln. Auch in Albanien, Bosnien-Herzegowina, Montenegro und Serbien ist es allen nicht-privaten Kunden möglich, den Anbieter zu wechseln.

Allerdings gibt es einen großen Unterschied zwischen der formalen Öffnung der Strommärkte und der tatsächlichen Ausübung des Rechts der freien Anbieterwahl (siehe Tabelle 4). Viele berechtigte Konsumenten nehmen ihr Recht, den Stromanbieter zu wechseln, nicht wahr, da z.B. dann Marktpreise

Tabelle 5: Organisation des Großhandels

Land	Organisation des Handels
Albanien	Bilaterale Verträge
BiH	Bilaterale Verträge und Ausgleichsmarkt mit regulierten Ausgleichspreisen
Bulgarien	Bilaterale Verträge und Ausgleichsmarkt, „day-ahead-market" soll eingeführt werden
Kosovo	Übergangsmarktmodell in 2007 – Entwurf zu neuem Marktmodell soll vorbereitet werden
Kroatien	Bilaterale Verträge
Mazedonien	Bilaterale Verträge und Ausgleichsmarkt sollen eingeführt werden
Montenegro	Bisher kein „Marktdesign" eingeführt
Rumänien	Bilaterale Verträge und freiwilliger" day-ahead market" sowie Ausgleichsmarkt
Serbien	Bisher nur Entwurf eines „Marktdesigns"

Quelle: Pöyry Energy Consulting 2009a

bezahlt werden müssten (ECS 2009a). Das bedeutet aber auch, dass es für die meisten Kunden in Südosteuropa weiterhin regulierte und damit subventionierte Strompreise gibt.

Das Marktdesign für den Großhandel ist eine weitere wichtige Voraussetzung für einen funktionierenden Wettbewerb zunächst innnerhalb der einzelnen Länder. Dieser Teil der Reform ist allerdings noch am wenigsten entwickelt (siehe Tabelle 5). In den meisten Ländern haben die bisherigen öffentlichen Anbieter noch besonderen Zugang zu den tarifgebundenen Kunden (Pöyry Energy Consulting 2009a). In der Regel basiert das Großhandelssystem auf (halb-) jährlichen bilateralen Verträgen und nicht auf einem Poolmarkt oder einer Strombörse (ECS 2009a). Nur in Rumänien gibt es bisher eine Strombörse, an der sich Strompreise nach Angebot und Nachfrage bilden. Man kann daraus schließen, dass der Wettbewerb infolge der Marktorganisation in Südosteuropa somit erheblich eingeschränkt ist.

Regulierung
In allen Ländern wurde von den jeweiligen Regierungen eine Regulierungsbehörde eingesetzt, die den Zugang zum Markt und die Übertragungspreise reguliert. Die Geschäftsführung wird in allen Fällen von einer Kommission übernommen, deren 5 Mitglieder von den nationalen Parlamenten jeweils zweimal für fünf Jahre ernannt werden (ECRB 2008).

Um freien Wettbewerb zu ermöglichen, sollte diese Behörde möglichst von der Regierung unabhängig sein. Das bedeutet z.B., dass diese nicht von Regierungsinstitutionen finanziert wird, sondern durch die Vergabe von Lizenzen für Stromanbieter. Außerdem sollte die Regierung keinen Einfluss auf die Tariffestsetzung ausüben, um zu gewährleisten, dass diese nach einer anerkannten Tarifmethode transparent ermittelt werden.

Da die Einschränkung der Unabhängigkeit von den beteiligten Behörden nicht offen praktiziert wird, bleibt die Einschätzung in der Literatur bezüglich dieser Fragestellung sehr oberflächlich. Von dem Energy Community Regulatory Board (ECRB) als auch von dem Energy Community Secretariat (ECS), zwei offiziellen Organen der Energy Community, wird eher allgemein kritisiert, dass die Regulierungsbehörden in Südosteuropa Probleme haben, Übertragungsschnittstellen zu organisieren oder Tarife des Netzzugangs festzulegen (ECS 2007). Außerdem hätten sie zu wenige Kompetenzen, da der Einfluss der zuständigen Ministerien nach wie vor „sehr hoch" sei, um die Interessen der noch bestehenden staatlichen Stromunternehmen zu sichern (ECRB 2008). Aufgrund dieser „offiziellen" Einschätzung ist zu vermuten, dass die faktische Abhängigkeit der Behörden in Südosteuropa von den Interessen der Regierungen ein beträchtliches Ausmaß annimmt. Laut Pollitt (2009) hat die Einschränkung der Unabhängigkeit einen wichtigen Einfluss auf den Fortschritt der Strommarktreformen.

Privatisierung
Die Privatisierung gehört zwar im EU-Modell nicht direkt zur Liberalisierung, wird aber meistens als eine normale Folge davon angesehen. In einigen Ländern hat es schon entsprechende Regelungen und auch schon Privatisierungen gegeben. Insbesondere wurden Stromerzeugungsunternehmen in Bulgarien privatisiert (Ganev 2009), das staatliche Energieun-

ternehmen HEP in Kroatien an RWE verkauft und auch in Mazedonien sind Stromerzeuger privatisiert worden (Pöyry Energy Consulting 2009a).

5.3.2 Integration

Wiedereingliederung in das UCTE Netz
Aufgrund der Kriege in Südosteuropa wurde 1991 die so genannte „second synchronous zone" (Republik Srpska in Bosnien-Herzegowina, Kroatien, Serbien, Mazedonien und Griechenland) vom UCTE-Netz genommen (Eurelectric 2002). 2004 wurden sie nach dem Wiederaufbau von zentralen Hochspannungsleitungen wieder eingegliedert. Erst seit der technischen Zusammenführung des Übertragungsnetzes in Südosteuropa sind die Voraussetzungen dafür geschaffen, dass ein gemeinsamer Strommarkt aufgebaut werden kann. Zu dem UCTE Netz kamen im Jahr 2003 noch die Länder Rumänien und Bulgarien hinzu, die bis in die 1990er Jahre noch Teil des Netzes der ehemaligen Sowjetunion waren (Vailati 2009).

Status des Stromnetzes
In der Regional Transmission Planning Study wurde in Verbindung mit der „general investment study" der EU (siehe auch PriceWaterhouseCoopers 2004) der zukünftige Netzbedarf geplant (Vailati 2009, Baijs 2003). Dabei wurde die Frage gestellt, wo die existierenden „Flaschenhälse" in der Region sind. Nach der Analyse der durchschnittlichen jährlichen Auktionspreise werden an den Grenzen von Rumänien und von Serbien zu Ungarn Netzengpässe vermutet (KEMA Consulting 2005). Nach Einschätzung der einzelnen TSOs ist ein Großteil der Grenzen gelegentlich, teilweise aber auch ständig verstopft (ETSO 2006).

Vor der Wiedereingliederung der zweiten UCTE-Zone gab es ein Nord-Südgefälle beim interregionalen Stromhandel. Rumänien, Bulgarien und der BiH-Teil waren Nettoexporteure, Albanien und Montenegro Nettoimporteure, während Mazedonien und Serbien v.a. im Winter Strom importierten, insgesamt aber auch Nettoexporteure sein konnten. In KEMA Consulting (2005) wird vermutet, dass sich diese Situation nach der Wiedereingliederung erst einmal nicht mehr wesentlich ändern wird.

Grenzüberschreitender Wettbewerb
In Südosteuropa sind eigentlich nur die Händler für Export und Import von Strom zuständig. Im Gegensatz zu Westeuropa betreiben die meisten Großhändler keine eigenen Erzeugungsanlagen, z.B. EFT, Energy Holding, EGL, ATEL Montmontaza und PCC. Andere Händler haben in ganz Europa Erzeugungsanlagen, wie z.B. Verbund, EoN, RWE, Electrabel (SEETEC 2006).

Für einen funktionierenden grenzüberschreitenden Handel ist eine einheitliche Organisation des Großmarkthandels notwendig, allerdings fehlen dazu bisher die entsprechenden regionalen Leitlinien (SEETEC 2006, Pöyry Energy Consulting 2009b). Außerdem sind die Lizenzvorschriften sehr uneinheitlich und Lizenzen werden nicht gegenseitig anerkannt, was als Einschränkung des freien internationalen Zugangs Dritter zum Übertragungsnetz zu bewerten ist (ECS 2009a). Für die Ausgestaltung dieser Regelungen sind die nationalen Regulierungsbehörden zuständig, die über das ECRB miteinander kooperieren sollen.

Theoretisch gilt zwar die Marktöffnung auch auf internationaler Ebene, allerdings konnte beobachtet werden, dass es noch zu keinem internationalen Anbieterwechsel gekommen ist. Dieses Problem wird auf die weiterhin regulierten und zu niedrigen Strompreise zurückgeführt, die für einen Wechsel keinen adäquaten Anreiz bieten (ECS 2009a).

Grenzüberschreitende Verteilung von Transferkapazitäten
Derzeit werden die grenzüberschreitenden Kapazitäten auf bilateraler Ebene zwischen zwei Übertragungsnetzbetreibern mit nicht marktbasierten Methoden verteilt, wie „priority list", „pro-rata rationing" sowie expliziten Auktionen, einer marktbasierten Methode (Kristiansen 2007). Bei der prioritären Verteilung bekommt der Marktteilnehmer nach einer bestimmten Reihenfolge (z.B. „first come-first serve") die überschüssigen Kapazitäten. Die „pro-rata-rationing" Methode verteilt die überschüssigen Kapazitäten im Verhältnis zu den nachgefragten Mengen (ETSO 2005).

2004 wurde in Südosteuropa ein Pilotversuch gestartet, einen gemeinsamen Mechanismus zur Verteilung von grenzüberschreitenden Kapazitäten einzurichten. Dieser Mechanismus basiert auf PTDF (Power Transfer Distribution Factor) Faktoren, die vertragliche Handelsmengen in physischen Stromfluss umrechnet. Es wird die Methode von koordinierten Auktionen angewendet. Seit 2005 wird diese Methode in einem Trockentest („dry run") erprobt (Vailati 2009). Abgesehen von diesem Pilotversuch, wird der Fortschritt bei den Verhandlungen über eine gemeinsamen Mechanismus für die Verteilung der Kapazitäten als „ungleichmäßig" bezeichnet und als ein großes Problem werden unterschiedliche Umsatzbesteuerungssätze angeführt (ECS 2009b).

Für einen gemeinsamen Strommarkt wären explizite Auktionen am besten geeignet, da auf diese Weise auch der Handel zwischen Ländern, die nicht direkt nebeneinander liegen, handhabbar ist. Bei anderen Maßnahmen müssen an jeder Grenze Kapazitäten erworben werden, mit dem Risiko, dass diese nicht ausreichend sind. Der Auktionsansatz erfordert allerdings eine funktionierende Kooperation zwischen allen beteiligten TSOs (Kristiansen 2007).

Ausgleichsmarkt („balancing market")
Bis zum Handelsschluss kann Strom gehandelt werden, ab dann organisiert der System Operator den „balancing market", d.h. er muss verschiedene Reserven benutzen, um das System auszubalancieren (Verhaegen et al. 2006). Wenn es für diese Dienstleistungen einen Markt gibt, spricht man von einem Ausgleichsmarkt, ansonsten werden zu geregelten Konditionen die Reserven zur Verfügung gestellt. In Südosteuropa haben bisher nur die TSOs von Rumänien und Bulgarien einen Ausgleichsmarkt eingerichtet (ETSO 2006). Nur wenige TSOs können von anderen nationalen Strommärkten zum Ausgleich im- oder exportieren. Da die Regelungen zum „balancing market" noch sehr unterschiedlich sind, ist noch kein einheitlicher Markt möglich (ETSO 2006).

„cross-border trade mechanism"
Für Südosteuropa gibt es initiiert von SETSO (Southeastern Europe Transmission System Operators) eine Methode, um die Übertragungsnetzbetreiber für ihre Dienstleistung aufwandsentsprechend zu vergüten („inter TSO-compensation method"). Aus den geschätzten Weiterleitungskosten wird ein Fond eingerichtet, aus dem die Übertragungsnetzbetreiber kompensiert werden. Unterschiede zwischen Schätzungen und tatsächlichen Kosten werden am Ende des Jahres verrechnet. Dieser Mechanismus versucht die finanzielle Lebensfähigkeit der Übertragungsunternehmen zu sichern, wobei allerdings dadurch nicht die „wahren" (marginalen) Kosten abgedeckt werden. Probleme dieses Mechanismus sind, dass die Differenz zwischen den geschätzten und den tatsächlichen Kosten sehr hoch ist. Außerdem werden keine „loop flows" in und aus dem regionalen Netz berücksichtigt. Das Problem besteht auch darin, dass

in Europa unterschiedliche solcher Kompensationsmethoden bestehen (Vailati 2009).

Es wird vermutet, dass in Südosteuropa wenige Großhändler zwischen 70% und 90% des grenzüberschreitenden Handels organisieren. Meistens werden die Verträge traditionell ausgeschrieben. Aufgrund fehlender Marktregeln werden dann die Abweichungen der tatsächlich gehandelten Mengen von den Verträgen „informell" geregelt. Nur manchmal werden die vertraglich festgesetzten Preise veröffentlicht. Erst ein hinreichend liquider „day-ahead-market" könnte richtige Preissignale setzen (SEETEC 2006).

5.4 Zwischenergebnis

Diese Analyse zeigt, dass der Stand der Reformen bezüglich der Errichtung eines gemeinsamen Strommarktes sehr viel weniger weit fortgeschritten ist, als hinsichtlich der Liberalisierung.

Einerseits haben die betroffenen Länder in relativ kurzer Zeit institutionelle Reformen auf den Weg gebracht, was die vertikale Entflechtung betrifft oder die Einrichtung einer Regulierungsbehörde sowie die Ansätze der Schaffung eines Großhandelsmarktes. Andererseits sind viele Regelungen für die Entstehung eines freien und gemeinsamen Marktes noch unzureichend und vor allem nicht genügend harmonisiert. Dies gilt beispielsweise für gemeinsame Marktregeln, die grenzüberschreitende Verteilung von Transferkapazitäten, einen gemeinsamen Ausgleichsmarkt sowie für eine geeignete gemeinsame Methode zur „inter-TSO-compensation".

Das Problem besteht darin, dass insbesondere die Reformen zur Liberalisierung bisher nur theoretisch umgesetzt worden sind. Aufgrund der seit der Planwirtschaft bestehenden und weiterhin praktizierten Regulierung und Subventionierung der Strompreise ist der Anreiz für mehr Wettbewerb zu gering. Das Entflechten von Übertragung und Erzeugung bzw. Anbieter und die Öffnung des Marktes hat aber dann keine Auswirkung.

Es kann somit aus der Analyse in Kapitel 5 geschlossen werden, dass der Wettbewerb auf den Strommärkten in Südosteuropa derzeit nicht funktionsfähig ist, was sich mit den Erfahrungen von anderen Entwicklungs- und Transformationsländern mit ähnlichen strommarktspezifischen Voraussetzungen deckt. Dies liegt darin begründet, dass in Südosteuropa die staatlichen Erzeuger und Anbieter, gesteuert von einer an Machterhalt interessierten politischen und wirtschaftlichen Klasse, jeweils in ihrem Land den Markt beherrschen und dass es keinen funktionierenden gemeinsamen Strommarkt gibt, um diese Marktmachtsituation abzuschwächen.

Eine wichtige Aufgabe in der Energy Community besteht demnach in der Harmonisierung der Regelungen im Hinblick auf einen gemeinsamen Markt. Es wird angenommen, dass die Bereitschaft sowie die Fähigkeit zur Kooperation der beteiligten Institutionen aber auch der beteiligten Personen für das Entstehen eines integrierten Strommarktes in Südosteuropa äußerst relevant ist.

Diese Aussagen sollen in den folgenden Kapiteln anhand von qualitativen und quantitativen Modellen konkretisiert werden. Dazu werden in Kapitel 6 die Akteure der Energy Community und ihre Kooperationsaufgaben näher beschrieben. Mögliche Auswirkungen der Energy Community werden in einem qualitativen Modell dargestellt.

6 Akteursanalyse und qualitatives Modell

Ziel der vorliegenden Arbeit ist es, das komplexe System des Strommarktes in Südosteuropa unter dem Einfluss der Liberalisierung und Integration zu verstehen und erklären zu können, wie die wichtigen Parameter auf dem Strommarkt (wie viel Strom wird wo zu welchen Preisen erzeugt und verkauft) sich unter Annahme verschiedener Szenarien verändern.

In den bisherigen Kapiteln wurden die Reformbemühungen in Südosteuropa bezüglich einzelner Kriterien beschrieben. In einem nächsten Schritt wird dargestellt, welche Verbindungen es zwischen den einzelnen Akteuren des Strommarktes unter den gegebenen Bedingungen gibt und infolge welcher Handlungsbedingungen welche Marktergebnisse zu erwarten sind.

Wie in Kapitel 5 beschrieben, unterscheiden sich die Voraussetzungen in Südosteuropa grundlegend von denen in Mittel- und Westeuropa. Deshalb besteht die Notwendigkeit, sich einer Modellierung des südosteuropäischen Strommarktes zunächst qualitativ verbal bzw. graphisch-deskriptiv zu nähern. Da sich gezeigt hat, dass die Integration des südosteuropäischen Strommarktes eine äußerst wichtige Voraussetzung für die Entwicklung eines freien Wettbewerbs ist, werden die Auswirkungen der fehlenden Harmonisierung und damit der fehlenden Kooperation der beteiligten Institutionen besonders betrachtet.

Durch die positive Herangehensweise an eine modellhafte Darstellung des südosteuropäischen Strommarktes können neue, in bisherigen Strommarktmodellen nicht berücksichtigte Themen eingebunden werden.

Die Modellbildung in der vorliegenden Studie unterliegt dem Problem, dass nicht nur der Strommarkt in einem Land vereinfacht dargestellt werden soll, sondern es um die Strommärkte in neun verschiedenen Ländern und damit es um bis zu neun verschiedene Märkte geht. Deren innere Kohärenz ist z.T. sehr unterschiedlich. So ist die Marktorganisation in Rumänien schon sehr weit fortgeschritten, während die Restrukturierung in Bosnien-Herzegowina aufgrund der föderalen Struktur zusätzlich erschwert wird. Diese unterschiedlichen Voraussetzungen in einem qualitativen Modell abzubilden, erfordert einen hohen Vereinfachungsgrad. Im Folgenden wird es darauf ankommen, Vereinfachungen vorzunehmen, die ein quantitatives Modell möglich machen und dennoch die wichtigsten Beziehungen und Wirkungsweisen auf dem Markt realitätsnah wiedergeben.

6.1 Akteure und ihre Interessen

Die Akteursanalyse ist die Voraussetzung für eine modellhafte Darstellung des Strommarktes. Die Darstellung der Interessen der Akteure ist allerdings vielschichtig. Einerseits kann man sich auf Grundlage allgemein bekannter Aufgaben der Akteure eine Vorstellung von deren rationalen Interessen machen. Dies ist aber nicht ausreichend, da oft die „verborgenen" Interessen der Akteure handlungsbestimmend sind, welche aber nur empirisch ermittelt und konkretisiert werden können. Dabei kann das Problem bestehen, dass die Interessen nach den Erfordernissen der jeweiligen Studie konstruiert werden (Schimank 2005). Deshalb geht es im Folgenden nicht darum, die „verborgenen" Interessen der Akteure zu analysieren, sondern deren rationale Aufgaben zu beschreiben sowie ihre Funktion innerhalb der Energy Community zu charakterisieren und darzustellen, zu welchen anderen Akteuren Verbindungen bestehen. Die Informationen zur Akteursanalyse leiten sich aus den Darstellungen in Kapitel 5 ab.

Die Akteure des südosteuropäischen Strommarktes sollen graphisch-deskriptiv in Beziehung zueinander gebracht werden. Dabei sollen, wie in Netzwerkdarstellungen üblich, die Beziehungen anhand von Linien dargestellt werden, die je nach Art der Interaktion differenziert werden. Die Akteure stehen in einer geschäftlichen Beziehung zu einander, sie kooperieren, sie erlassen Gesetze oder Verordnungen für andere Akteure – und haben damit eine regelnde Beziehung oder eine beratende und (auch finanzieller Art) unterstützende Beziehung.

Die Akteure in der Energy Community teilen sich in vier große Gruppen ein: Zunächst einmal gibt es die direkt am Wirtschaftsprozess der Strommärkte beteiligten Wirtschaftsakteure, die Stromerzeuger, die Übertragungs- und Verteilungsnetzbetreiber, die Anbieter und die Händler sowie die Konsumenten (siehe Tabelle 6).

Tabelle 6: Wirtschaftsakteure auf dem Strommarkt in Südosteuropa

Akteure	Aufgaben	Rationale Interessen	Bemerkungen
Stromerzeuger	Erzeugen Strom	Gewinn durch Verkauf des produzierten Stromes	Sind meist noch staatlich, monopolartige Strukturen
Netzbetreiber	Stellen Übertragungs- und Verteilungsnetze zur Verfügung	Gewinn, Sicherstellung der Versorgungssicherheit	Sind meist theoretisch rechtlich entflochten
Anbieter/Händler	Handeln nur den Strom	Gewinn durch Ausnutzung von Preisunterschieden	„Anbieter" und „Händler" sind nicht einheitlich definiert
Konsumenten	Zahlung der Rechnung und legale Stromabnahme	Nutzung von billigem und sicherem Strom	Noch nicht alle Konsumenten können Anbieter frei wählen, Stromrechnungen werden nicht immer bezaht

In Abbildung 5 werden die Beziehungen zwischen den Wirtschaftsakteuren beschrieben. Dabei repräsentiert z.B. die Akteursbezeichnung „Stromerzeuger" unterschiedliche Akteure, z.T. in unterschiedlichen Ländern, dies gilt ebenso für die anderen Akteure. Das Beziehungsgeflecht muss aber zwangsläufig verallgemeinert dargestellt werden, und Besonderheiten in einzelnen Ländern können nicht berücksichtigt werden.

Aufgrund der unterschiedlichen, aber zum Teil sich überschneidenden Definitionen (siehe auch Kapitel 5.3.1) werden hier Anbieter und Händler unter einem Akteur „Anbieter/Händler" zusammengefasst.

Zwischen dem Stromerzeuger und den Konsumenten herrscht normalerweise eine wechselseitige Kunden-Lieferantenbeziehung. Falls es Anbieter auf dem Markt gibt, haben diese eine gegenseitige Beziehung zu den Konsumenten, da diese ihren Anbieter wechseln könnten. In diesem Fall befinden sich die Anbieter untereinander in einer Konkurrenzsituation, aber stehen auch mit dem Stromerzeuger im Wettbewerb. Ein interregionaler Wettbewerb der Stromerzeuger untereinander in Südosteuropa besteht derzeit noch nicht. Die Netzbetreiber haben eine dominante Position in diesem Geflecht der Wirtschaftsakteure. Sie nehmen in einer Monopolstellung den Erzeugern den Strom ab, gewähren Anbietern zu regulierten

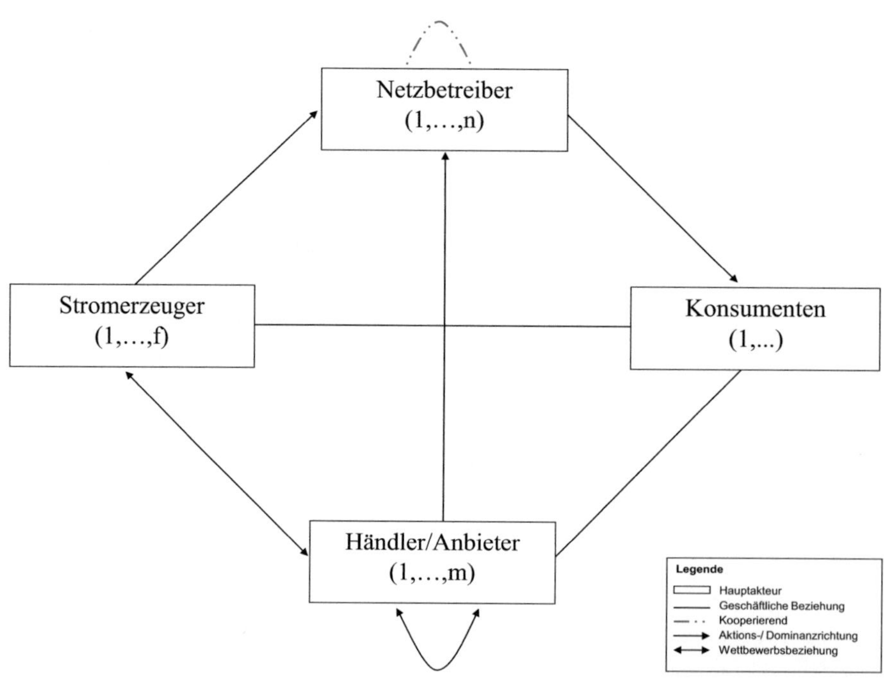

Abbildung 5: Beziehungen zwischen Wirtschaftsakteuren

Tabelle 7: Regelnde Akteure auf dem Strommarkt in Europa

Akteure	Aufgaben	Rationale Interessen	Bemerkungen
Ministerien, die für Energiepolitik zuständig sind	Ausführung der Energiepolitik, Führung der staatlichen Energieunternehmen	Umsetzen der Energiepolitik	Versuch der Einflussnahme auf Regulator und Sicherung der Macht der „quasi"-monopolistischen Staatsunternehmen
Regulierungsbehörden	Bestimmung der Netzzugangstarife, sowie Sicherung des freien Netzzugangs	Schaffung eines effizienten Systems durch kostenorientierte Netztarife und Sicherung des Wettbewerbs	Sind de facto noch nicht unabhängig in der Tariffestsetzung; müssen Regeln für gemeinsamen Strommarkt harmonisieren
ENTSO-E (bis 2009: UCTE)	Koordiniert die Stromnetzwerke in Europa	Versorgungssicherheit, effiziente Nutzung des Stroms	Kooperation notwendig, sonst ist zuverlässiger Netzbetrieb gefährdet

Preisen den Zugang zum Netz und transportieren den Strom zu den Konsumenten. Um die Versorgungssicherheit zu gewährleisten, müssten die Netzbetreiber untereinander kooperieren.

Die zweite Gruppe sind Institutionen, die das Funktionieren der Strommärkte, d.h. das Zusammenspiel der Wirtschaftsakteure regeln (Tabelle 7 und Abbildung 6). Darunter fällt zum einen die ENTSO-E mit den koordinierenden Aufgaben, die zuvor die UCTE innehatte, und zum anderen die Regulierungsbehörden sowie die zuständigen Ministerien für Energie als exekutive Institutionen der einzelnen Länder. Dabei ist ENTSO-E (UCTE) eine Institution mit der koordinativen Aufgabe der Organisation des grenzüberschreitenden Übertragungsnetzes, während die Regulierungsbehörden das Funktionieren der Strommärkte im Inland organisieren.

Der Akteur ENTSO-E (UCTE) regelt den internationalen Netzbetrieb, dessen Regeln in einem koordinierten Entscheidungsprozess aller Netzbetreiber aufgestellt und kontrolliert werden. Dazu müssen die Netzbetreiber auf der operativen Ebene zur Sicherung des Netzbetriebes zuverlässig miteinander kooperieren.

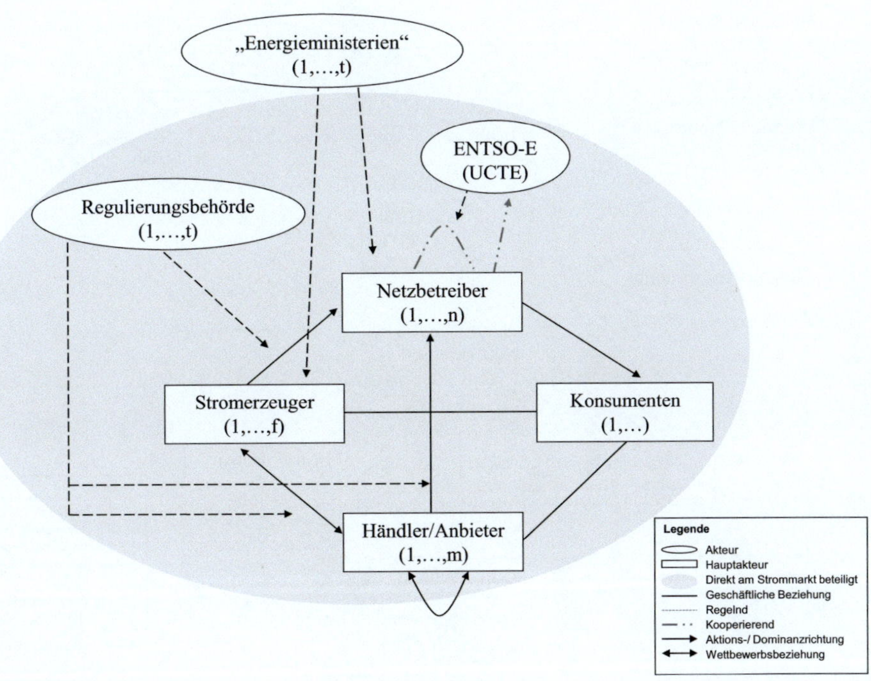

Abbildung 6: Beziehungen zwischen regelnden Akteuren und Wirtschaftsakteuren

Tabelle 8: Akteure des Projekts „Energy Community"

Akteure		Aufgaben
EC	European Commission	Prozessinitiator, Interesse an Versorgungssicherheit in der EU – durch Stabilität an den Außengrenzen
ECS	Energy Community Secretariat	Unterstützung der Teilnehmerländer, möglichst vollständige Einbeziehung der stakeholders
ECRB	Energy Community Regulatory Board	Beratung und Empfehlung bzgl. regulatorischer Fragen
PHLG	Permanent High Level Group	Bereiten Arbeit des Ministerial Councils vor
Ministerial Council of EC		Entscheidungsgremium der Energy Community: Jedes Land hat eine Stimme bei Entscheidungen, damit werden kleine Länder wichtiger
Electricity Forum		Beratung, Einbeziehung aller stakeholders
„Energieministerien"		Zuständige Fachministerien, die relevante Gesetzgebung vorbereiten und umsetzen müssen
EBRD		Unterstützung technischer Projekte und von Forschungsprojekten zu Liberalisierung und Integration
Weltbank		
USAID		
CIDA		

Die Regulierungsbehörde hat in dem jeweiligen Land eine dominierende Funktion, da sie einerseits die Preise für den Netzbetrieb vorgibt und andererseits die Bedingungen für den Netzzugang vorschreibt sowie den gemeinsamen Markt regelt. Das zuständige Fachministerium hat auch noch Einfluss auf die staatlichen Erzeugungs- und Netzbetriebsunternehmen. Im Inneren des Ovals befinden sich

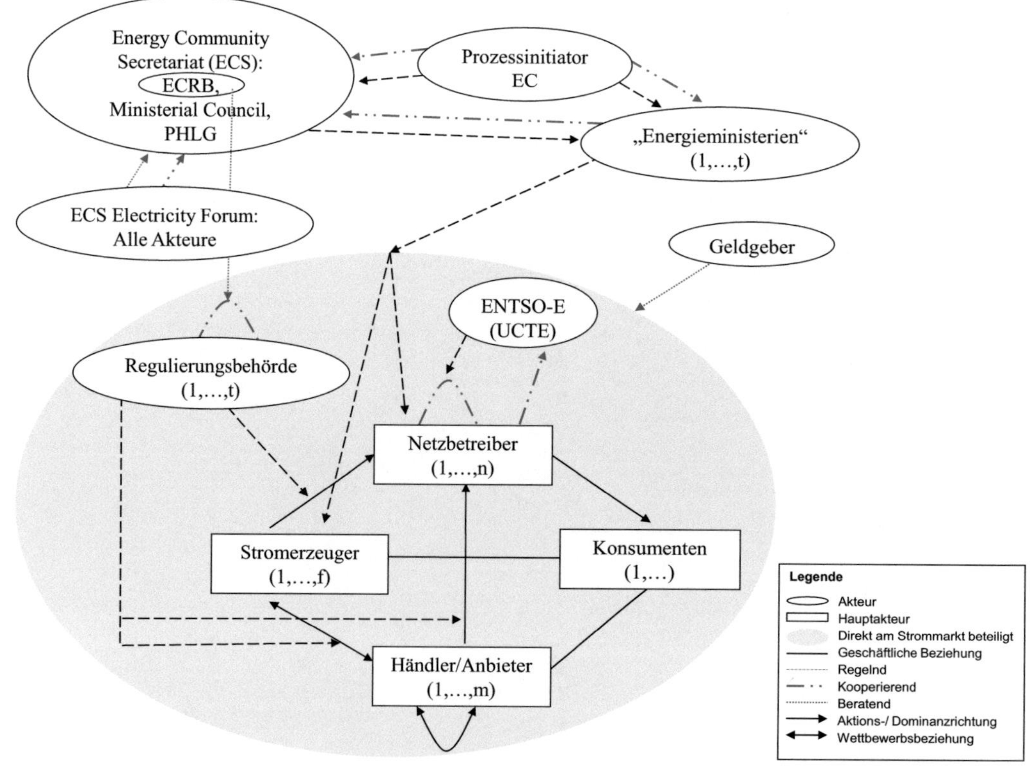

Abbildung 7: Beziehungen zwischen „Energy Community" und Strommarkt

Tabelle 9: Relevante Interessenvertreter im südosteuropäischen Strommarkt

Akteure		Aufgaben
ENTSO-E (bis 2009: ETSO)	European Network of Transmission System Operators for Electricity	Zusammenschluss zwischen UCTE, ETSO und anderen:, Teil der Interessenvertretung für europäische Netzbetreiber
EFET	European Federation of Energy Traders	Interessenvertretung für Europäische Energiehändler
Eurelectric		Verband der gesamten europäischen Stromindustrie
CEER	Council of European Energy Regulators	Kooperation Europäischer Regulatoren und Interessenvertretung gegenüber der EU
ERGEG	European Regulators Group for Electricity and Gas	Kooperation Europäischer Regulatoren und offizieller Ansprechpartner der EU
EPSU	European Federation of Public Service Unions	Vertretung der Interessen der Arbeitnehmer
NGOs		z.B. in Bulgarien zum Widerstand gegen das Atomkraftwerk Belene

diejenigen Akteure, die direkt an der Geschäftstätigkeit des Strommarktes beschäftigt sind. Da die „Energieministerien" nicht direkt auf dem Strommarkt als Akteure auftreten, befinden sie sich außerhalb des Ovals.

In der dritten Gruppe sind diejenigen Institutionen vertreten, die das politische Projekt „Energy Community" vorantreiben (Tabelle 8 und Abbildung 7).

Das sind die Kommission der EU und die Organe der Energy Community, d.h. das Sekretariat, sowie die Entscheidungsgremien.

In den Entscheidungsgremien dieser dritten Gruppe befinden sich auch aus der zweiten Gruppe die „Energieministerien". Außerdem gehören zu dieser Gruppe Sponsoren und Geberinstitutionen.

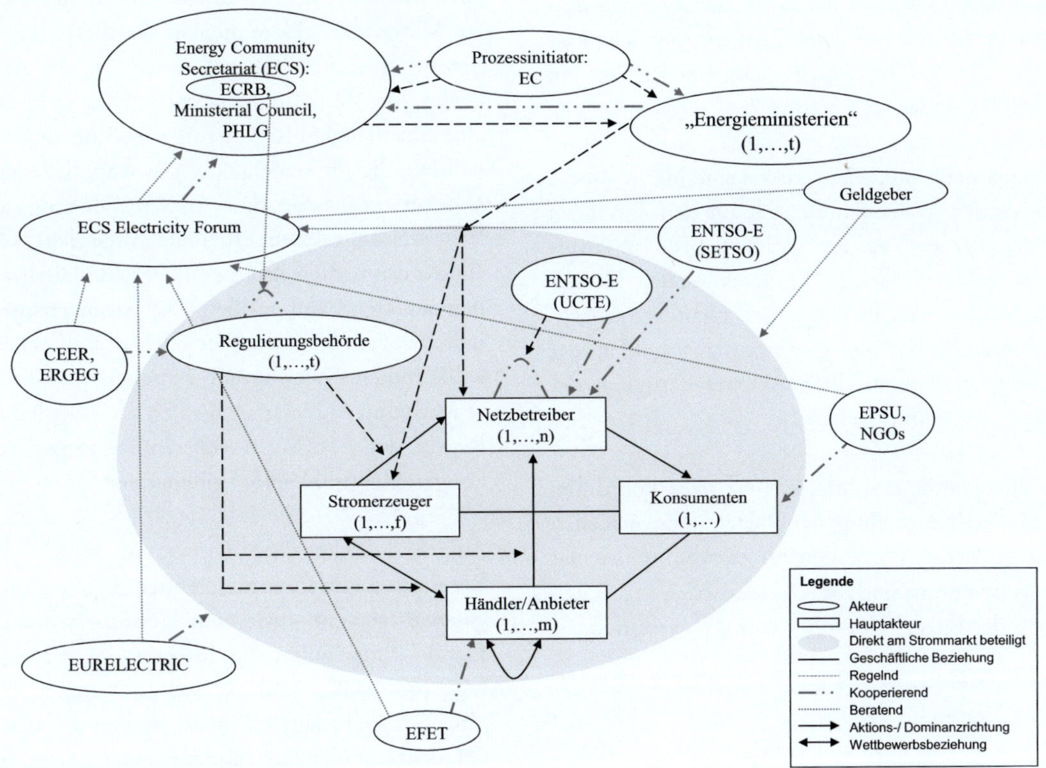

Abbildung 8: Beziehungen zwischen Interessengruppen und Energy Community

Bezüglich der Umsetzung des Projektes „Energy Community" üben zum einen die Organe des Energy Community Secretariat regelnden Einfluss auf den Strommarkt in Südosteuropa aus und zum anderen die nationalen zuständigen „Energieministerien". Wichtig als Projektinitiatorin ist die Kommission der EU, die allerdings nicht direkt den Prozess beeinflusst, sondern durch die Zielvorgabe und koordinatorisch und regelnd über das ECS und die Ministerien. Die internationalen Geldgeberorganisationen unterstützen das Projekt ideell und finanziell.

Da infolge des Projektes ein gemeinsamer Strommarkt entstehen soll, müssen die Regulierungsbehörden kooperieren, um harmonisierte Regelungen zu erarbeiten und umzusetzen (siehe Kapitel 5.3.2). Dieser Prozess wird von dem ECRB unterstützt.

Die vierte Gruppe besteht aus den Interessenvertretern der zuvor genannten Akteure (Tabelle 9 und Abbildung 8). Die Aufgabe der Interessenvertreter ist es zunächst, diese unterschiedlichen Interessen zu koordinieren und nach außen zu vertreten. Vor dem Hintergrund des Aufbaus eines gemeinsamen Strommarktes wird vor allem in den Organisationen ENTSO-E und CEER bzw. ERGEG sowie dem ECRB über harmonisierte Regelungen verhandelt. Das bedeutet, dass v.a. Netzbetreiber und Regulierungsbehörden in ihren europäischen Verbänden kooperieren müssen. Dass es für die Regulierungsbehörden drei verschiedene Gremien gibt, kann allerdings für eine konsistente Kooperation eher ein Nachteil bedeuten.

Die genannten Interessenvertreter sind hier meist die europäischen Verbände, die sich aus den jeweiligen Firmen, aber auch aus den nationalen Interessenverbänden zusammensetzen. Diese nationalen Interessenverbände sollen im Folgenden nicht berücksichtigt werden, da das Interesse hier vorwiegend an der Kooperation der einzelnen Akteure bezüglich der Energy Community besteht.

Alle übergeordneten Interessenvertreter koordinieren die Interessen ihrer Mitglieder und versuchen dadurch, deren Positionen zu stärken. Über das Electricity Forum sind diese Akteure beratend in den Prozess der Energy Community mit eingebunden.

6.2 Qualitatives Modell

Das qualitative Modell hat die Aufgabe, die Zusammenhänge aus der Akteursanalyse zu präzisieren. Es soll in zwei unterschiedlichen Szenarien darlegen, wie funktionsfähig die Strommärkte in Südosteuropa unter bestimmten Voraussetzungen sein können.

Dabei wird zum einen der Fall angenommen, dass alle Reformen nach den politischen Vorgaben umgesetzt wurden und der liberalisierte und integrierte Strommarkt optimal funktioniert. Zum anderen wird vorausgesetzt, dass die Reformen nicht vollständig umgesetzt werden und es zu Marktmacht kommt.

Unter diesen beiden Fällen wird im qualitativen Modell analysiert, welchen Einfluss die regelnden Akteure sowie die Akteure der Energy Community und die Interessensvertreter auf das Zusammenspiel der Wirtschaftsakteure auf den Strommarkt in Südosteuropa haben. Dabei konzentriert sich die graphische Darstellung des qualitativen Modells auf die direkten Akteure des Strommarktes, um die Übersichtlichkeit zu bewahren.

6.2.1 Modell 1: vollkommener Wettbewerb

In diesem Modell wird davon ausgegangen, dass alle angestrebten Reformen umgesetzt worden sind und ein Markt mit vollkommenem Wettbewerb entstanden ist (siehe Abbildung 9, welche auf der Akteursanalyse in Abbildung 6 basiert). D.h. es ist jeweils eine unabhängige Regulierungsbehörde eingerichtet worden, die für kostendeckende Weiterleitungspreise sorgt und dafür, dass Anbieter Zugang zu den Weiterleitungsnetzen erhalten. Außerdem können alle Konsumenten ihren Anbieter frei, auch aus einem anderen Land, wählen. Die Stromerzeuger sind rechtlich vom Netzbetreiber getrennt und es herrscht vollkommener Wettbewerb zwischen allen Stromerzeugern und Anbietern. Die Netzbetreiber haben die Regeln der ENTSO-E vollständig umgesetzt und kooperieren problemlos miteinander.

Aufgrund der korrekten Umsetzung der ENTSO-E-Regeln und von funktionierenden Regeln zum Engpassmanagement sowie zum grenzüberschreitenden Handel funktioniert das integrierte Übertragungsnetz problemlos und Netzschwankungen können ohne Systemausfälle korrigiert werden. Da der Handel nicht nur bilateral, sondern auch an Strombörsen stattfinden kann, entsteht ein gemeinsamer Markt.

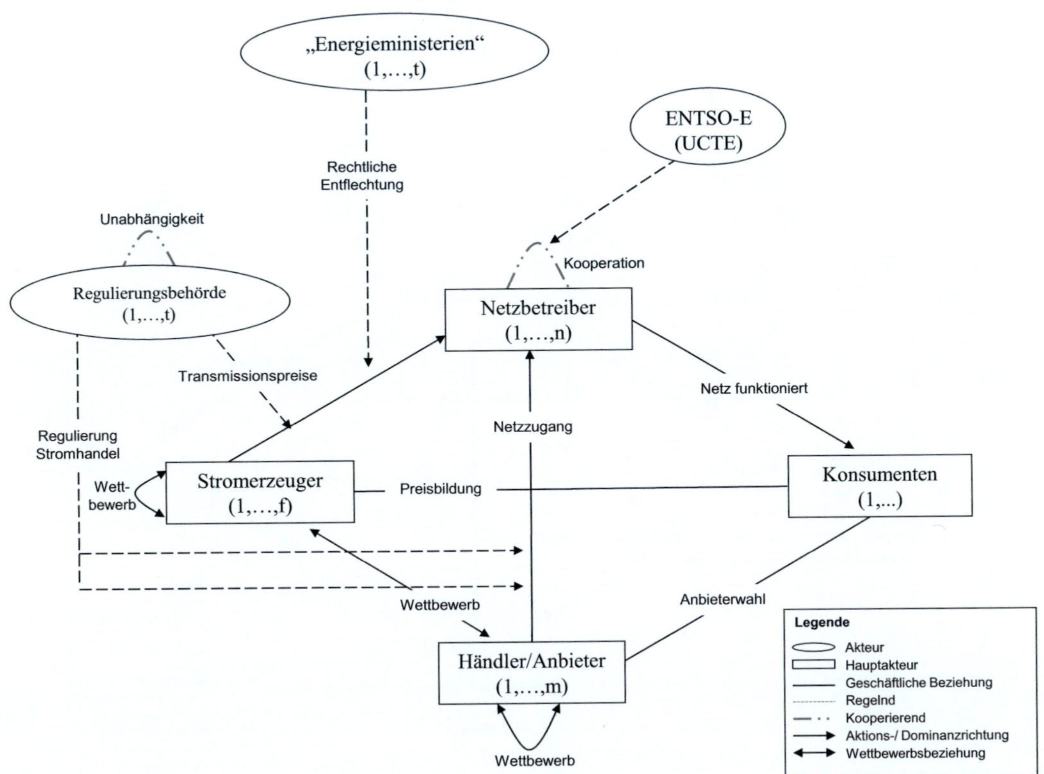

Abbildung 9: Qualitatives Modell 1: Strommarkt bei Annahme von vollständigem Wettbewerb

Unter diesen Voraussetzungen führen die kostenorientierten, regulierten Transmissionspreise, der freie Netzzugang und das freie Wahlrecht der Konsumenten im Verbund mit der ausreichenden Anzahl der Stromerzeuger sowie mit internationalem Handel zu Strompreisen, die sich Grenzkosten annähern. Durch diese höheren Preise ist es sowohl den Stromerzeugern als auch den Netzbetreibern möglich, Investitionen zu tätigen, so dass die Stromnachfrage durch Erzeugung und Importe zuverlässig erfüllt werden kann. Mit der Integration des Strommarktes wird zusätzlich zur Versorgungssicherheit angestrebt, durch verbesserte gemeinsame Kraftwerksplanung und Lastaufteilung Kosten zu sparen (Koriatov et al. 2004).

6.2.2 Modell 2: eingeschränkter Wettbewerb

Aufgrund der Analyse des Stands der Reformen in Kapitel 5 wird in diesem Modell die tatsächliche Funktionsweise des Strommarktes in Südosteuropa zum Untersuchungszeitpunkt wie folgt beschrieben:

Der Wettbewerb auf dem südosteuropäischen Strommarkt ist derzeit eingeschränkt. Die Stromerzeuger und Netzbetreiber sind zwar grundsätzlich rechtlich entflochten, aber dritte Anbieter haben noch nicht uneingeschränkten Zugang zu Stromerzeugern (auch international) und wenn, dann üben die berechtigten Konsumenten noch nicht ihr freies Wahlrecht aus und zahlen deshalb noch regulierte Preise.

Zusätzlich ist die Regulierungsbehörde de facto noch nicht unabhängig, d.h. die Transmissionspreise sind teilweise vom Staat beeinflusst und zu niedrig. Meist haben noch die alten staatlichen Stromversorger auf der nationalen Ebene Marktmacht. Ein integrierter Markt in Südosteuropa ist noch nicht entstanden, da die Netzbetreiber keine entsprechenden Regelungen zur Verteilung der Transferkapazitäten umgesetzt haben und die Regulierungsbehörden noch keine gemeinsamen Handelsinstitutionen geschaffen haben. Zur Harmonisierung dieser Regelungen sind Kooperationen in den entsprechenden europäischen Verbänden notwendig.

Das qualitative Modell 2 soll in zwei Teilen dargestellt werden. Zuerst werden die Auswirkungen der Liberalisierungsreformen in einem Land r schematisch dargestellt (siehe Abbildung 10).

Die begrenzte Entflechtung führt zu einer weiterhin bestehenden Dominanz des Anbieters, der häufig noch mit dem staatlichen Stromerzeuger verbunden ist. Dieser bietet in der Regel noch Strom zu regu-

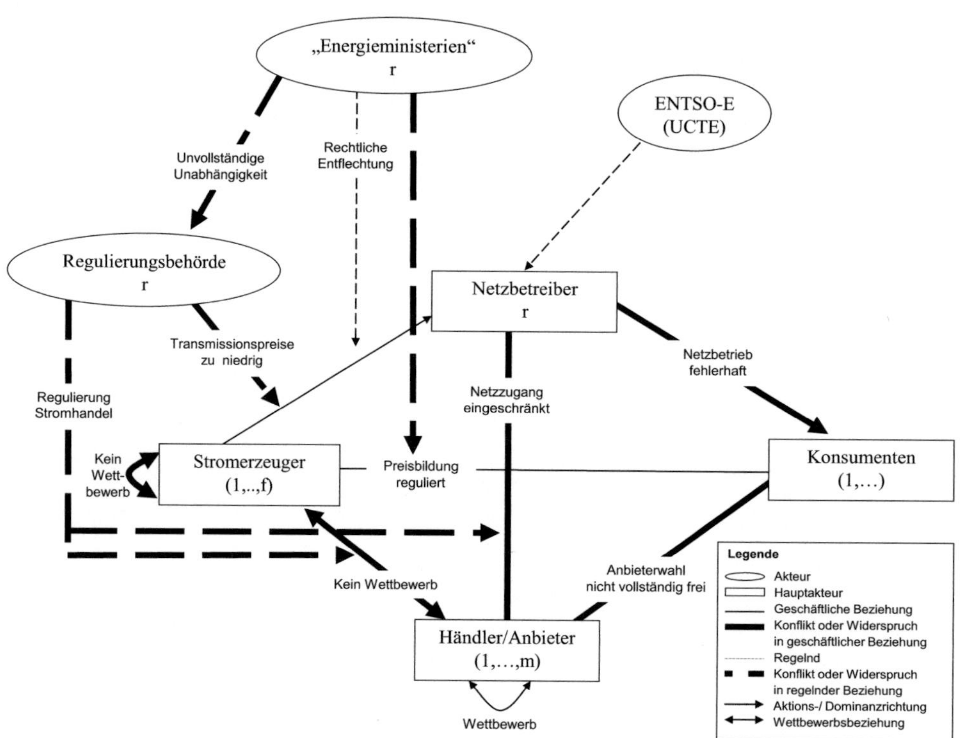

Abbildung 10: Qualitatives Modell 2a: Strommarkt eines Landes r in Südosteuropa unter Liberalisierungsgesichtspunkten

lierten Preisen an. Selbst Kunden, die theoretisch ihren Anbieter frei wählen könnten, nehmen dieses Recht nicht wahr, da die Gefahr bestünde, einen höheren Preis zu zahlen. Außerdem verhindern die regulierten Preise den Eintritt neuer Wettbewerber in den Markt, da sie zu niedrig sind, um einen geeigneten Anreiz zu bieten. Auch Investitionen in neue Erzeugungs- und Netzkapazitäten lohnen sich deshalb nicht. Dadurch kommt es zu Problemen im Netzbetrieb.

Aber auch im Fall von nicht-regulierten Preisen käme es aufgrund der Marktstruktur und des noch nicht freien Zugangs Dritter zu dem Übertragungsnetz zu deutlich eingeschränktem Wettbewerb und dieser würde bei „freier" Preisgestaltung zu Preisen über dem Grenzkostenniveau führen.

Diese Probleme mit dem eingeschränkten Wettbewerb werden dadurch verstärkt, dass der grenzüberschreitende Handel noch nicht funktioniert, wie in dem Qualitativen Modell 2b gezeigt wird (Abbildung 11). Dies liegt v.a. an der fehlenden interregionalen Harmonisierung der entsprechenden Gesetzgebung, was in der ungenügenden Kooperation der beteiligten Institutionen – hier: Regulierungsbehörden und Netzbetreibern – begründet liegt. Deshalb kann unter diesen Umständen kein Wettbewerb innerhalb von Südosteuropas Strommärkten entstehen.

Die Folge der fehlenden Integration ist die Zementierung des bestehenden Systems mit isolierten Märkten, in denen die etablierten Unternehmen ihre marktbeherrschende Stellung ausbauen können, so dass zu wenig investiert wird, oder bei Aufgabe des Systems der regulierten Preise höhere Preise durchgesetzt werden könnten.

Allerdings muss jedoch darauf hingewiesen werden, dass es durch die Heterogenität hinsichtlich der Größe der einzelnen Stromerzeuger aber auch in einem gemeinsamen Markt möglich ist, dass einige wenige Unternehmen, z.B. aus Rumänien und Bulgarien, einen gemeinsamen Strommarkt dominieren könnten.

Je nachdem, wie intensiv der Handel ist, d.h. ob an einer Strombörse auch Strom zu Arbitragezwecken gehandelt werden darf, wird die Möglichkeit von einigen wenigen Unternehmen, aufgrund ihrer Größe Marktmacht – in Form von reduzierten Erzeugungsmengen oder von höheren Preisen – durchzusetzen, eingeschränkt.

Diese positive Auswirkung bezüglich des Wettbewerbs eines funktionierenden internationalen Handelssystems auf die nationalen Strommärkte ist aber, wie in Abbildung 11 gezeigt, von einer funktionierenden Kooperation zwischen den beteiligten Institutionen abhängig. Die Frage besteht deshalb,

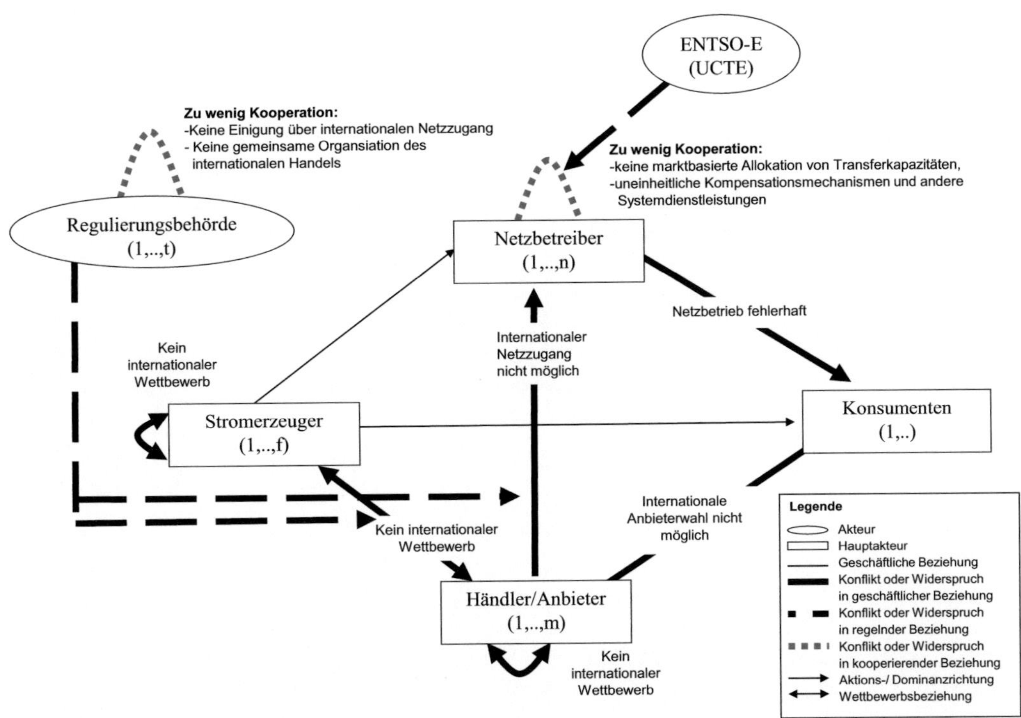

Abbildung 11: Qualitatives Modell 2b: Strommarkt in Südosteuropa unter Integrationsgesichtspunkten

welche Kooperationsszenarien und Marktmachtszenarien sich in welcher Art und Weise auf die Preise und Mengen in den Strommärkten Südosteuropas auswirken.

Die Beantwortung dieser Frage kann von einem qualitativen Modell nicht geleistet werden, da die Komplexität der Wirkungsketten graphisch-verbal nicht dargestellt werden kann. Außerdem kann der Grad der Erfüllung der Reformen für den Durch-schnittsakteur nicht präzise dargestellt werden. Dazu ist ein quantitatives Modell besser geeignet. Die Auswirkung einer Änderung der Bedingungen kann auf diese Weise genauer beschrieben werden.

Im folgenden Kapitel sollen die einzelnen Akteure und Beziehungen des qualitativen Modells parametrisiert werden, um die Grundlage für ein quantitatives Modell zu schaffen.

7 Parametrisierung

Die Parametrisierung versucht das qualitative Modell weiter zu konkretisieren. Dabei soll identifiziert werden, welche Strukturen in diesem Modell bestehen und wie diese mit entsprechenden Daten quantitativ beschrieben werden können:

- Welche Stromerzeuger gibt es, wie groß sind deren Kapazitäten bzw. deren Marktanteil und wie viel wird produziert?

- Wie hoch sind Produktionskosten und Referenzpreise? Gibt es Zahlungsprobleme?

- Wie groß sind Referenznachfrage und Nachfrageelastizitäten?

- Zwischen welchen Ländern gibt es wie viele Transportkapazitäten für Strom?

- Wie lassen sich die Kooperationsprobleme strukturieren?

Mittels dieser Informationen können in einem quantitativen Modell Variablen für Preise, erzeugte und angebotene Strommengen sowie für den Handel für verschiedene Szenarien (siehe auch Kapitel 8.1) simuliert werden. Daraus lässt sich dann, als Maß für die volkswirtschaftlichen Kosten, die so genannte soziale Wohlfahrt bestimmen.

Als Basisjahr für die Simulationen soll das Jahr 2005 dienen, da erst im Jahr 2004 die zweite UCTE-Zone wieder in das ganze UCTE-Netz eingegliedert worden ist. Auch Daten aus anderen Jahren sollen im Folgenden berücksichtigt werden, sofern plausibel dargestellt werden kann, dass sich die Daten im Verhältnis zum Basisjahr nicht grundlegend geändert haben.

7.1 Stromerzeugung

7.1.1 Stromerzeugungskapazitäten

Die installierten Kapazitäten auf den Märkten in Südosteuropa werden im Folgenden für das Jahr 2003 beschrieben, da diese detailliert in der „general investment study" der EU (PriceWaterhouseCoopers 2004) zusammengestellt wurden und es anzunehmen ist, dass diese bisher nicht wesentlich erweitert oder reduziert wurden. Die für die Kapazitäten der Energy Community relevanten Kapazitäten von knapp 1000 MW des bulgarischen Kernkraftwerks Kosloduj wurden erst 2006 stillgelegt (Ganev 2009).

Durch veraltete und z.T. zerstörte Anlagen sind die tatsächlich nutzbaren Kapazitäten erheblich geringer als die installierten Kapazitäten. Die Gesamtregion Südosteuropa hat eine installierte Kapazität von gut 50 GW. Rumänien und Bulgarien sind dabei mit Abstand die größten potentiellen Stromerzeuger mit einer installierten Kapazität von zusammen knapp 60% (siehe Tabelle 10). Als mittelgroße Erzeugerländer können Bosnien-Herzegowina, Kroatien und Serbien bezeichnet werden, deren Anteil insgesamt 30% ausmacht. Albanien, Kosovo, Mazedonien und Montenegro gehören zu den Ländern mit den geringsten Kapazitäten.

Tabelle 10: Stromerzeugungskapazitäten je Technologie in MW, 2003

Land	gesamt	Wasserkraft	Nuklear	Lignit	Kohle	Gas/Öl
Albanien	1.471,5	1.447,5	-	-	-	24
BiH	3.714	1.949	-	-	1.765	-
Bulgarien	12.357	2.864	2.880	2.650	2.390	1.573
Kosovo	1.533	35	-	1.498	-	-
Kroatien	3.983	1.935	354	-	330	1364
Mazedonien	1.485,5	480,5	-	-	795	210
Montenegro	840	649	-	191	-	-
Rumänien	17.599	6.086	710	3.770	1.274	5.759
Serbien	7.665	2.851		4.293		521

Quelle: PriceWaterhouseCoopers 2004

Die Stromerzeugungskapazitäten teilen sich wie folgt auf die einzelnen Erzeugungstechnologien auf: Eigene Atomkraftwerke gibt es nur in Bulgarien und Rumänien, Kroatien teilt sich die Kapazitäten eines Kraftwerkes mit Slowenien.

In Albanien und Mazedonien gibt es hauptsächlich Wasserkraftkapazitäten, auch in Bosnien-Herzegowina und Kroatien beträgt der Wasserkraftanteil noch 50%. In den übrigen Ländern (außer Kosovo) ist der Anteil der Wasserkraft an den Gesamtkapazitäten nach wie vor sehr hoch und auch in Bulgarien auf dem Niveau der Atomstromkapazitäten. Wie schon in Abschnitt 5.2 erwähnt, sind die tatsächlichen Kapazitäten der Wasserkraftwerke sehr stark von den meteorologischen Bedingungen abhängig, so dass die verfügbaren Kapazitäten erheblich schwanken können. Abgesehen von der Wasserkraft sind andere erneuerbare Energieträger allerdings vernachlässigbar.

Hauptsächlich, d.h. zu über 50%, bestehen die Kapazitäten in den Ländern Südosteuropas aus thermischen Kraftwerken, in denen Kohle, Öl und Gas zu Strom verarbeitet werden. Der Anteil der festen Brennstoffe Lignit und Kohle an den fossilen Brennstoffen beträgt dabei 65%, während zu einem Drittel Gas und Öl zu Strom verarbeitet werden.

Die Unterscheidung nach verschiedenen Energieträgern ist für das weitere Vorgehen wichtig, da verschiedene Technologien sehr unterschiedliche Kosten bei der Stromproduktion verursachen (siehe Abschnitt 7.4.1).

7.1.2 Marktmachtpotentiale

Um bei der Formulierung des quantitativen Modells Aussagen über die tatsächliche Marktmacht treffen zu können, wird im Folgenden zunächst für das Jahr 2003 die potentielle Marktmacht auf dem Strommarkt in Südosteuropa analysiert. Als erstes wird die Gefahr horizontaler Konzentration betrachtet, die sich ergibt, wenn ein Unternehmen innerhalb einer Wertschöpfungsstufe so groß ist, dass die Ausübung von Marktmacht vermutet werden kann. Diese horizontale Konzentration wird z.B. anhand des Hirschmann-Herfindahl-Index (HHI) gemessen, der die quadrierten Marktanteile aller Marktteilnehmer aufsummiert:

$$HHI = \sum_{1}^{N} q^{2} \tag{1}$$

mit:

N= Anzahl der Marktteilnehmer,
q = Marktanteil

In der Interpretation wird angenommen, dass bei einem Wert von unter 1000 keine Marktmacht vermutet wird, ein Wert zwischen 1000 und 1800 bedeutet eine gemäßigte Konzentration und ein Wert über 1800 eine hohe Konzentration (Overbye et al. 2001).

Tabelle 11: Marktanteile an Erzeugungskapazitäten 2003

Unternehmen 2003	Kapazitäten in MW	Marktanteile in %
NEK	12.357	24
Termoelectrica	10.803	21
EPS	7.665	15
Hidroelectrica	6.086	12
HEP	3.983	8
EPBiH	1.654	3
ESM	1.485	3
KEK	1.533	3
KESH	1.472	3
ERS	1.318	3
EPCG	840	2
EPHZHB	742	1
Nuclearelectrica	710	1

Quelle: PriceWaterhouseCoopers 2004, eigene Berechnungen

Tabelle 12: Marktanteile der Erzeugungskapazitäten ca. 2007

Unternehmen 2003	Kapazitäten in MW	Marktanteile in %
NEK	9.730	0,18
Termoelectrica	8.083	0,15
HEP	7.222	0,13
OTHERRO	5.151	0,09
Hidroelectrica	3.655	0,07
EPSTesla	3.287	0,06
EPBiH	1.654	0,03
EPSDjerdap	1.537	0,03
KEK	1.513	0,03
KESH	1.472	0,03
ERS	1.318	0,02
EPSDrinsko	1.294	0,02
ELEM	1.276	0,02
CEZ	1.260	0,02
EPSKostolac	1.008	0,02
OTHERBG	967	0,02
ENELNEK	940	0,02
EPHZHB	742	0,01
Nuclearelectrica	700	0,01
EPCG	533	0,01
EPSPanonske	521	0,01
AES	500	0,01
JSCMechel	400	0,01
HEPRWE	330	0,01
NEGOTINO	210	0,00
EVN	36	0,00

Quelle: PriceWaterhouseCoopers 2004, eigene Recherchen und Berechnungen, Stand: 2007

Eine weitere Frage besteht darin, welches der relevante Markt für die Bestimmung der Konzentration auf dem südosteuropäischen Strommarkt ist. Sofern der Strommarkt noch nicht integriert ist, sind die nationalen Märkte noch die relevanten Märkte. Je mehr es zu einem einheitlichen südosteuropäischen Strommarkt kommt, wird dieser Gesamtmarkt der relevante Markt sein.

Im Folgenden werden die Marktanteile in Form von Kapazitäten gemessen, da vollständige Produktionsdaten auf Firmenebene für diesen Zeitraum nicht vorliegen. Im Jahr 2003 gibt es großteils nur ein staatliches Stromunternehmen in jedem Land, so dass bei nationalen Märkten als den relevanten Märkten eine Monopolsituation besteht. Eine Aus-

nahme bildet Rumänien, das sein Staatsunternehmen nach Energieträgern in drei Teile aufgeteilt hat. Auch in Bosnien-Herzegowina wurde für jeden Teilstaat ein eigenständiges staatliches Unternehmen gebildet.

Wenn man einen gesamten Strommarkt in Südosteuropa annehmen würde, dann könnten die drei größten Unternehmen zusammen ca. 60% des Marktes auf sich vereinigen (siehe Tabelle 11). Dementsprechend zeigt der HHI mit 1501 eine gemäßigte Konzentration an.

Die größten Kapazitäten hat Rumänien – aufgeteilt auf Hidro-, Termo- und Nuclearelectrica –, gefolgt von den staatlichen Versorgern in Bulgarien (NEK),

Serbien (EPS) und Kroatien (HEP). Die staatlichen Erzeugungsunternehmen in Bosnien-Herzegowina (EPBiH, EPHZHB, ERS), Albanien (KESH), Mazedonien (ESM), Montenegro (EPCG) und Kosovo (KEK) weisen zusammen nur einen ca. 18%igen Anteil an der Erzeugungskapazität in der Region auf.

In den meisten Ländern gibt es jeweils kleine, privat betriebene Wasserkraftwerke, deren Kapazitäten jedoch nicht geschlossen ermittelbar sind und deshalb nicht gesondert aufgeführt werden. Allerdings werden diese später im Rahmen des Simulationsmodells jeweils auf 0,001 GW pro Land geschätzt.

Seit 2003 hat sich die Unternehmensstruktur verändert, so dass sich die Konzentration auf dem Gesamtstrommarkt Südosteuropa verringert hat (siehe Tabelle 12). Als Grundlage für die Berechnung eines neuen HHIs wurden die Kapazitätsdaten von 2003 verwendet und darauf die neuen Unternehmensstrukturen angewendet. Unter dieser Voraussetzung lag der neue HHI ungefähr bei 900.

Albanien, Bosnien-Herzegowina, Montenegro, Kosovo haben dabei keine großen Veränderungen durchlaufen (ECS 2009b, Pöyry Energy Consulting 2009b). In Rumänien wurden einige kleinere Kraftwerke privatisiert (Diaconu et al. 2009) und in Serbien hat das staatliche Unternehmen EPS mehrere eigenständige Tochterunternehmen gegründet, die allerdings noch nicht wirklich in einen Wettbewerb miteinander treten (Jednak et al. 2009). Größere Veränderungen erfolgten in Bulgarien, die mit Privatisierungen auch mit ausländischer Beteiligung (Tschechien, Frankreich, Italien) einhergingen

(Ganev 2009). Auch in Mazedonien gab es eine weit reichende Umstrukturierung und Privatisierung (ECS 2009b). In Kroatien wurde schließlich der staatliche Stromversorger unter Beteiligung von RWE teilprivatisiert (Pöyry Energy Consulting 2009a).

Wenn man die nationalen Märkte weiterhin als relevante Märkte ansieht, muss aber weiterhin eine dominierende Position der (ehemaligen) Staatsbetriebe angenommen werden. Bei höheren Transferkapazitäten könnte sich allerdings die Konzentrationsgefahr verringern.

Marktmachtpotentiale auf den Strommärkten können aber nicht nur aufgrund von hohen Marktanteilen entstehen, sondern auch, wenn es zu Beschränkungen der grenzüberschreitenden Transferkapazitäten kommt (Overbye 2001).

7.1.3 Produktion und Stromverluste

Die Stromerzeugung wird in GWh gemessen. Dabei kann nicht immer die gesamte Produktion für den Konsum verwendet werden. Es entstehen einerseits beim Transport Verluste, andererseits bei der Umspannung und durch den Eigenstromverbrauch der Kraftwerke (siehe Tabelle 13). Aus der Differenz zwischen Stromproduktion und Verlusten ergibt sich das für den Konsum zur Verfügung stehende Stromangebot.

Bei der grenzüberschreitender Stromübertragung im Simulationsmodell wird davon ausgegangen, dass sich die Stromverluste von jeweils zwei betroffenen Ländern aufaddieren (siehe auch entsprechende Tabelle in STROMSOE Modell in Anhang A).

Tabelle 13: Stromerzeugung und Übertragungsverluste 2005

Land	Erzeugung in GWh 2005	Übertragungsverluste	Eigenverbrauch	Anteil der Verluste	Anteil der Verluste + Eigenverbrauch
Albanien	5.500	2.000	196	0,36	0,40
BiH	12.602	2.200	1.400	0,17	0,29
Bulgarien	44.263	4.883	6.182	0,11	0,25
Kroatien	12.500	2.100	1.056	0,17	0,25
Mazedonien	6.900	1.600	700	0,23	0,33
Rumänien	59.400	6.100	11.571	0,10	0,30
Serbien/ Montenegro/ Kosovo	36.474	5.380	n.a.	0,16	n.a.

Quelle: UCTE Datenbank, IEA 2009

7.1.4 Kosten

Die langfristigen marginalen Kosten der Stromproduktion in den Ländern Südosteuropas wurden in verschiedenen Studien geschätzt und in einer Arbeit des EBRD (2003) zusammengetragen. Die marginalen Kosten umfassen diejenigen Kosten, die bei einer zusätzlich erzeugten Einheit Strom entstehen und entsprechen dann in etwa den variablen Kosten. Für einige Länder (Albanien und die Teilstaaten von Bosnien-Herzegowina) sind in diesen Kosten auch noch Rehabilitierungskosten enthalten. Es muss darauf hingewiesen werden, dass diese Kostendaten auf Schätzungen beruhen, so dass die Daten lediglich indikativen, d.h. hinweisenden Charakter haben (EBRD 2003). Die Schätzungen der Kosten stammen teilweise auch aus unterschiedlichen Jahren, sind aber hier die einzigen sinnvollen und verfügbaren Daten.

Außerdem werden die Kosten noch nach den verschiedenen Technologien unterschieden (siehe Tabelle 14). Dies wurde in eigenen Berechnungen geschätzt, in dem die Kostendifferenz der einzelnen Technologien aus EU-Durchschnittswerten (Deloitte 2005) als Grundlage für die Berechnungen verwendet wurde. Für jedes Land wurden dann die unterschiedlichen Technologiekosten wie folgt berechnet.

$$MC_r = \sum_i kap_{ri} \cdot MC_{ri} \tag{2}$$

mit:

MC_r: Marginale Kosten im Land r

MC_{ri}: Marginale Kosten der Technologie i in r

kap_{ri}: Anteil der Technologie i an den Gesamtkapazität in r

In dieser Gleichung sind die marginalen Kosten einer Technologie i im Land r MC_{ri} unbekannt und mussten geschätzt werden. Dabei wurde das Kostenverhältnis zwischen den einzelnen Technologien i,j aus EU-Durchschnittswerten zugrunde gelegt. Dadurch konnten sämtliche Kosten der Technologie i MC_{ri} durch das Verhältnis zu den Kosten einer Technologie j MC_{rj} ausgedrückt werden (siehe Gleichung (3)) und das Ergebnis in Gleichung (2) eingesetzt werden.

$$MC_{ri} = \frac{MC_{EUj}}{MC_{EUi}} \cdot MC_{rj} \tag{3}$$

mit:

MC_{EUi}: Marginale Kosten der Technologie im EU-Durchschnitt

Auf diese Weise ist das Gleichungssystem (2) nur noch von einer Variablen MC_{rj} abhängig und kann gelöst werden.

Aufgrund der verfügbaren Daten wurden die Kosten für die Verarbeitung von Lignit und Kohle gleich hoch geschätzt, außerdem wurde nicht zwischen Gas und Öl unterschieden, was beides allerdings nicht unbedingt realistisch ist. Die Kosten der Stromproduktion aus Kohle sollten unter jenen der Stromproduktion aus Lignit liegen. Ebenso verhält es sich mit Kosten für Gas im Vergleich zu Öl. Die Werte für die verschiedenen Technologiekosten in den

Tabelle 14: Marginale Kosten der Stromerzeugung nach Technologie in Euro/MWh

Land	MC_r Durchschnittskosten	MC_{ri} Hydro	MC_{ri} Nuklear	MC_{ri} Lignit	MC_{ri} Kohle	MC_{ri} Gas/Öl
Albanien	80	70	-	-	-	570
BiH	83	37	-	-	116	-
Bulgarien	46	13	23	-	67	104
Kroatien	75	17	30	-	90	139
Mazedonien	52	10	-	-	54	84
Rumänien	79	17	29	87	87	134
Serbien/ Montenegro/ Kosovo	60	16	-	82	-	127

Quelle: EBRD (2003), eigene Berechnungen

Tabelle 15: Gesamtkonsum 2005 in GWh

Land	Gesamtkonsum 2005 in GWh	Gesamtkonsum + Verbrauch des Energiesektors
Albanien	3.600	3.796
BiH	7.700	9.100
Bulgarien	25.700	31.882
Kroatien	14.400	15.456
Mazedonien	6.200	6.900
Montenegro	3.800	n.a.
Rumänien	38.900	50.471
Serbien/Kosovo	25.600	35.967

Quelle: IEA 2008; IEA 2009; UCTE 2006

einzelnen Ländern müssen deshalb vorsichtig interpretiert werden.

Das Kostenniveau hängt unter anderem vom Zustand der Erzeugungs- und Netzkapazitäten ab und ist in Albanien und BiH am höchsten sowie in Mazedonien und Bulgarien am niedrigsten. Wasserkraft- und Kernkraftwerke sind in ihren variablen Kosten niedriger einzuschätzen als thermische Kraftwerke.

7.2 Nachfrage

7.2.1 Stromverbrauch

Für die Nachfrage nach Strom (siehe Tabelle 15) wird der Nettostromverbrauch in GWh als Indikator verwendet, der mit der Stromproduktion wie folgt zusammenhängt (IEA 2008):

Nettostromverbrauch = Bruttostromproduktion + Import - Export - Netzverluste - Eigenverbrauch

Dieser Zusammenhang gilt v.a. dann, wenn Strom nicht oder nur schwer gespeichert werden kann (siehe Kapitel 3), und deshalb jeder produzierte Strom auch nachgefragt werden muss, da es sonst zu einem Spannungsabfall im Netz und u.U. zu Stromausfällen kommen kann.

Die Nachfrage nach Strom ist nicht immer gleich hoch. So gibt es z.B. im Winter zu bestimmten Tageszeiten Zeiträume, in denen besonders viel Strom verbraucht wird. Die Kapazitäten, die für diese Spitzenbelastung (oder „peak load") gebraucht werden, nennt man Spitzenlastnachfrage, deren Bereitstellung in der Regel teurer ist als die Nutzung von

Tabelle 16: Spitzen- und Grundlastnachfrage in MW für 2005

Land	Spitzenlastnachfrage 2005 in MW	Grundlastnachfrage 2005 (geschätzt) in MW
Albanien	1.300	189
BiH	1.700	674
Bulgarien	6.200	3.601
Kosovo	1.300	132
Kroatien	3.000	1.305
Mazedonien	1.400	535
Montenegro	0.800	342
Rumaenien	7.800	5.456
Serbien	6.900	1.928

Quelle: IEA 2008, UCTE für Rumänien und Bulgarien, Grundlastnachfrage nach Formel (4) geschätzt

Grundlastkapazitäten. Verschiedene Kraftwerkstechnologien werden für unterschiedliche Belastungsspitzen eingesetzt. So ist Kernkraft relativ billig, aber nicht kurzfristig zu aktivieren und wird daher für die Grundlast eingesetzt. Kohle und Gaskraftwerke sind teurer, können schneller hochgefahren werden und sind somit für die Spitzenlastnachfrage geeignet. Wasserkraft ist billig und weist zudem eine gute Anpassung an kurzfristige Schwankungen auf (Perrels und Kempii 2003).

Spitzenlast- und Grundlastnachfrage werden in MW angegeben (siehe Tabelle 16). Die Daten zur durchschnittlichen Spitzenlastnachfrage für 2005 sind von der ENTSO-E (UCTE) erhältlich. Für die Simulation im Rahmen der vorliegenden Arbeit soll die Grundbelastung für das Jahr 2005 geschätzt werden. Hierzu werden die Kapazitäten aus dem Jahr 2003 verwendet unter der Annahme, dass sich diese seither nicht wesentlich verändert haben. Eine weitere Annahme besteht darin, dass von den 8.760 h Strom, die pro Jahr bereitgestellt werden müssen, 20% zur Spitzenlastnachfrage zählen und ca. 80% zur Grundlastnachfrage. Dann kann die Grundlastnachfrage für ein Land r wie folgt geschätzt werden (Lise und Lindenhof 2004):

$$d_{r,base} = \frac{d_r \cdot 8.760 - d_{r,peak} \cdot 1.752}{7.008} \qquad (4)$$

mit:

$d_{r,base}$: Grundlastnachfrage in MW

$d_{r,peak}$: Spitzenlastnachfrage in MW (aus Daten von der UCTE)

d_r: Gesamtnachfrage in MW (Gesamtkonsum aus Tabelle15 dividiert durch 8.760 Stunden)

7.2.2 Preiselastizität der Nachfrage

Die Preiselastizität der Nachfrage ist ein für die Untersuchung zentraler Indikator. Er besagt, um wie viel sich die Nachfrage nach Strom verändert, wenn der Preis um eine Einheit variiert wird. Der Zusammenhang ist für das Strommarktmodell wichtig, da er bestimmt, wie die Nachfrage auf eine Preisänderung reagiert. In der Regel ist dies ein negativer Zusammenhang (Ramskov und Munksgaard 2001). Die Preiselastizität ist ein Indikator, der anhand von Zeitreihen zu Nachfrage und Preisen statistisch geschätzt werden kann.

Man kann zwischen kurz- und langfristigen Preiselastizitäten unterscheiden, wobei im Strommarkt die langfristigen höher sein werden, da dann neue technische Sparmassnahmen und langfristige Verhaltensänderungen wirksam werden (Fankhauser und Tepic 2005). Insgesamt ist im Strommarkt mit einer schwachen Elastizität kleiner 1 zu rechnen, da der Stromkonsum zumindest kurzfristig schlecht substituiert werden kann (siehe auch Übersicht aus Fan und Hyndman 2008).

In einer Studie der European Bank for Reconstruction and Development (EBRD 2003) wurde die Preiselastitzität der Nachfrage für alle Länder Südosteuropas mit -0,25 geschätzt mit Ausnahme von Albanien. Dort wurde eine höhere Elastitizität von -0,9 angenommen, da es dort in besonderem Maße zu Stromdiebstahl oder Eigenproduktion kommt, wenn sich die Preise verändern. Insgesamt ist die Elastizität geringer als in den westlichen EU-Ländern, da noch nicht in dem Maße mit Energieeffizienzmaßnahmen auf höhere Preise reagiert werden kann. Bei höheren Preisen besteht hier eher die Gefahr, dass die Rechnungen einfach nicht bezahlt werden (siehe Tabelle 18).

Bei Spitzenlast wird die Nachfrage elastischer sein als bei der Grundnachfrage, da die Konsumenten in den Spitzenlastzeiten weniger gut mit Nachfrageveränderungen reagieren können (Pineau und Murto 2003). Zunächst wird diese in der Simulation doppelt so hoch wie die Grundlastnachfrage geschätzt und beträgt -0,5 bzw. -1,8 für Albanien (vgl. auch Lise und Lindenhof 2004).

7.3 Preisbetrachtungen

7.3.1 Strompreise

Das Problem bei der Preisbeschreibung im Rahmen der Parametrisierung für das folgende quantitative Modell liegt darin, dass die Preise nach Konsumentengruppen aufgeteilt sind: Haushalte, Industrie und gewerbliche Preise. Die Konsumenten werden unterschiedlich bepreist, um einzelne Konsumentengruppen subventionieren zu können. In den meisten Ländern werden Industrie- und Haushaltspreise auf Kosten von gewerblichen Preisen subventioniert.

Hier sollen die Haushaltspreise für die Modellierung verwendet werden. Wie in Abschnitt 5.3.1 dargestellt, sind die Märkte für Haushalte im Untersu-

Tabelle 17: Strompreise nach Grund- und Spitzenlast 2005

Land	Durchnittspreise in Euro/ MWh	Spitzenlastpreise in Euro/ MWh	Grundlastpreise in Euro/ MWh
Albanien	45	48	41
BiH	59	68	53
Bulgarien	57	190	52
Kosovo	46	47	41
Kroatien	75	205	67
Mazedonien	37	43	34
Montenegro	41	48	37
Rumänien	76	289	69
Serbien	40	85	36

Quelle: ERRANET 2009, eigene Berechnungen

chungszeitraum noch nicht geöffnet. Die Preise werden deshalb noch nicht durch den Markt festgesetzt, sondern sind reguliert.

In allen Ländern des Untersuchungsgebietes gibt es politische Maßnahmen, um die Konsumentengruppen zu schützen, die über ein besonders geringes Einkommen verfügen. Außerdem haben die Konsumenten zunächst die Möglichkeit, zu regulierten Tarifen beim bisherigen Stromversorger Strom zu beziehen (Filipovic und Tanic 2009, ECRB 2008).

Die Preise für die Simulation werden als Durchschnitt dargestellt sowie für die Grundlast und auch für die Spitzenlast geschätzt (siehe Tabelle 17). Diese Schätzung ist ebenso wie die Schätzung der Grund- und Spitzenlastfrage sehr grob und hat deshalb einen eher indikativen Charakter. Es wird angenommen, dass sich der Grundlastpreis auf 90% des Durchschnittspreises beläuft. Darauf aufbauend lässt sich der Spitzenlastpreis wie folgt schätzen (Lise und Lindenhof 2004):

$$p_{r,peak} = \frac{p_r \cdot d_r \cdot 8.760 - p_{r,base} \cdot d_{r,base} \cdot 7.008}{d_{r,peak} \cdot 1.752} \quad (5)$$

mit:

$p_{r,base}$: Preis der Grundlastnachfrage in Euro/ MWh

$p_{r,peak}$: Preis der Spitzenlastnachfrage in Euro/ MWh (aus Daten von der UCTE)

p_r: Durchschnittspreis der Haushalte

Das Preisniveau ist in Rumänien und Kroatien mit knapp 80 Euro/MWh am höchsten und mit rund 40 Euro/MWh in Albanien, Kosovo, Mazedonien und Serbien am niedrigsten und ist somit u.a. ein Indikator für die Preissubventionierungen.

7.3.2 Zahlungsprobleme

Die Zahlungsprobleme in der Region sind z.T. noch erheblich (siehe Tabelle 18). In Albanien und Bos-

Tabelle 18: Anteil der bezahlten Stromrechnungen

Land	Anteil der bezahlten Stromrechnungen 2005 in %
Albanien	74
BiH	96
Bulgarien	93
Kroatien	98
Mazedonien	88
Rumänien	99
Serbien/Montenegro/Kosovo	94

Quelle: EBRD 2009

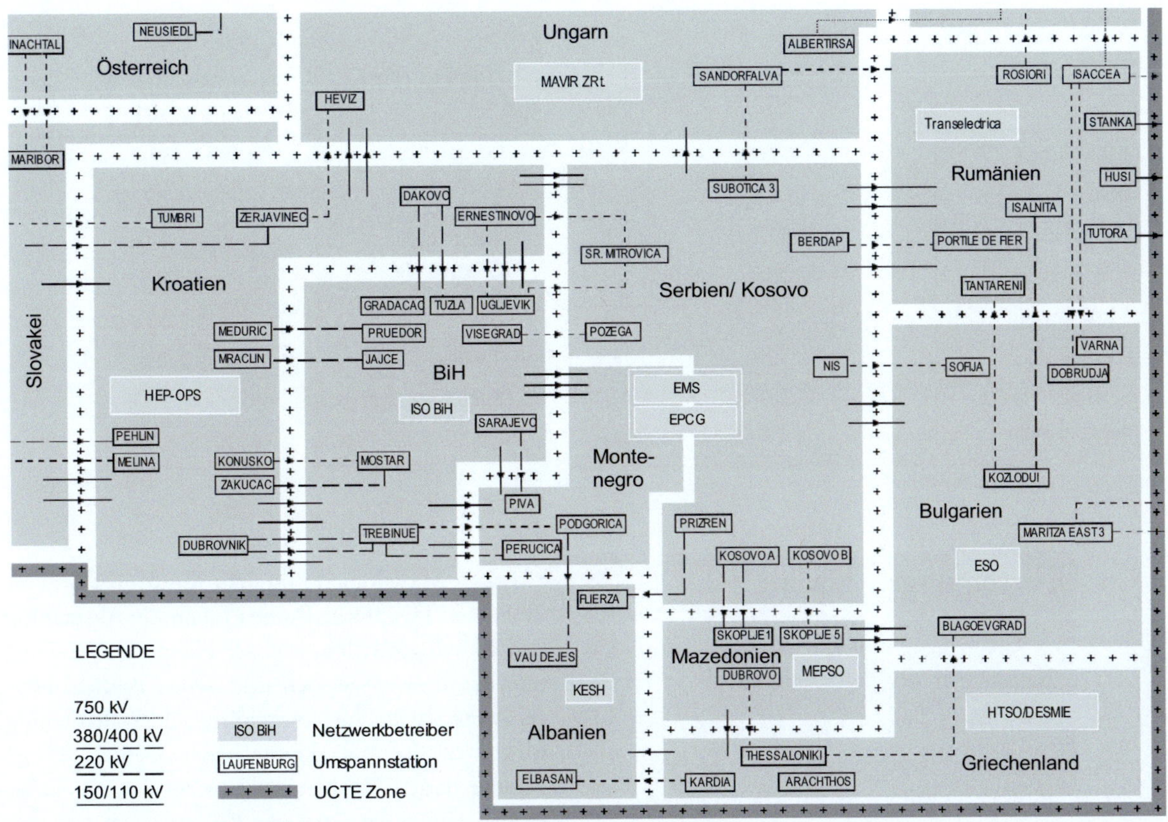

Quelle: UCTE 2007, verändert

Abbildung 12: Grenzüberschreitendes Übertragungsnetz in Südosteuropa

nien-Herzegowina werden nur 74% bzw. 88% der Stromrechnungen bezahlt. In den restlichen Ländern liegt die Rate zumindest über 90%. Allerdings muss angenommen werden, dass die Raten für Kosovo und Montenegro geringer sind. Da die Strompreise in der Region seit 2001 tendenziell gestiegen sind, geht möglicherweise der Anteil der bezahlten Stromrechnungen in einigen Ländern weiter zurück.

Nicht bezahlte Stromrechnungen können dazu führen, dass die finanzielle Liquidität nicht ausreicht, um die Kosten zu decken. Außerdem besteht die Gefahr, dass große Konsumenten, die nicht zahlen, keine Verträge mehr mit den Anbietern eingehen und am Ausgleichsmarkt nicht zahlen (Kennedy 2006).

Tabelle 19: NTC-Werte für 2005 in MW

nach \ von	Albanien	BiH	Bulgarien	Kroatien	Mazedonien	Montenegro	Rumänien	Serbien/ Kosovo
Albanien	-	-	-	-	-	520	-	220
BiH	-	-	-	1800	-	1300	-	-
Bulgarien	-	-	-	-	1000	-	1100	500
Kroatien	-	1800	-	-	-	-	-	1000
Mazedonien	-	-	1000	-	-	-	-	980
Montenegro	520	1300	-	-	-	-	-	1560
Rumänien	-	-	1400	-	-	-	-	900
Serbien/ Kosovo	220	-	750	1000	980	1560	800	-

Quelle: GTMax Prognose für 2005 (Veselka 2005)

Tabelle 20: Stromhandel 2005

Land	Exporte 2005 in GWh	Importe 2005 in GWh	Netto-Exporte 2005 in GWh
Albanien	726	1.249	-523
BiH	3.628	2.251	1.377
Bulgarien	8.377	801	7.576
Kroatien	9.286	14.638	-5.352
Mazedonien	797	2395	1.598
Rumänien	4.520	1.606	2.914
Serbien/Montenegro/Kosovo	7.285	8.563	-1.278

Quelle: UCTE Datenbank 2005

7.4 Übertragungsnetzwerk

7.4.1 Kapazität an den Netzwerkknoten

Im Folgenden soll das Weiterleitungsnetz in Südosteuropa beschrieben werden. Innerhalb des Systems gibt es 400KV-, 220KV- und 110KV-Leitungen, zwischen Bulgarien und Rumänien verläuft eine 750KV-Leitung, die aber nur auf 400KV-Level betrieben wird (Abbildung 12).

Die Ausgangssituation war in der Region v.a. dadurch charakterisiert, dass während des letzten Balkankrieges zwei wichtige Hochspannungsleitungen zwischen Bosnien-Herzegovina und Kroatien zerstört wurden, in Mostar und Ernestinovo. Dazu kamen Zerstörungen von Niederspannungsleitungen zwischen Bosnien-Herzegowina und Kroatien sowie zwischen Mazedonien und dem Kosovo (Hammons 2004, UCTE 2006). Daraus folgte die Abspaltung von Rest-Jugoslawien von der Haupt-UCTE-Zone und damit von Kroatien und Teilen Bosnien-Herzegowinas (siehe auch Abschnitt 5.3.2). Bedingung für die Wiedereingliederung dieser zweiten UCTE-Zone in das UCTE-Netz im Jahr 2004 war die Wiederherstellung der zerstörten Leitungen.

In der vorliegenden Arbeit sollen die Kapazitäten anhand eines zonenbasierten Ansatzes in Form von NTC-(Net Transfer Capacity)Werten dargestellt werden, d.h. es wird ein reduziertes Netzmodell verwendet (Duthaler 2007, Purchala et al. 2005). NTC-Werte beschreiben Kapazitäten, die für den Stromaustausch zwischen zwei Zonen bzw. Ländern zur Verfügung stehen (Duthaler 2007). Die NTC-Werte sind von verschiedenen Faktoren abhängig, so z.B. von der Stromerzeugungsmenge, den physi-

Tabelle 21: Exporte innerhalb Südosteuropas 2005 in MW

von nach	Albanien	BiH	Bulgarien	Kroatien	Mazedonien	Rumänien	Serbien/Montenegro/Kosovo
Albanien	-	-	-	-	-	-	81
BiH	-	-	-	312	-	-	102
Bulgarien	-	-	-	-	38	83	315
Kroatien	-	153	-	-	-	-	0,23
Mazedonien	-	-	-	-	-	-	0,11
Rumänien	-	-	91	-	-	-	286
Serbien/Montenegro/Kosovo	22	104	0,5	472	227	4	-

Quelle: UCTE Datenbank 2005

schen Leitungskapazitäten oder von den Außentemperaturen. Deshalb können die Werte nicht nur in verschiedenen Jahreszeiten voneinander abweichen, sondern auch täglich (Apfelbeck et al. 2005). Die marktfähigen Kapazitäten können zwar davon abweichen, aber zumindest für den physischen Handel bedeuten die Werte die Kapazitätsobergrenze. Für die Schätzung der Übertragungskapazitäten sind die NTC-Werte (siehe Tabelle 19) deshalb für den vorliegenden Fall die beste Annäherung.

7.4.2 Stromhandel

Bei den Daten zu Ex- und Importen handelt es sich um den tatsächlichen physischen Austausch von Strom. Für den Abgleich mit den Übertragungsnetzkapazitäten sind allerdings nur die Nettoexporte relevant. Das größte Handelsvolumen (Export + Import) wird von Kroatien und Serbien erzielt (siehe Tabelle 20).

Um den Stromhandel in Relation zur jeweiligen Marktgröße zu setzen, wird in der Simulation aus den Daten zu Exporten bzw. Importen und der Referenznachfrage pro Land ein Ex- bzw. Importkoeffizient gebildet (siehe GAMS-Modell in Anhang A).

Da Serbien sich im Zentrum des südosteuropäischen Übertragungsnetzes befindet, ist es auch am meisten in die Handelsaktivitäten auf den südosteuropäischen Strommärkten eingebunden (siehe Abbildung 12 und Tabelle 21).

7.5 Kooperationsprobleme

In den vorherigen Kapiteln zur Geschichte, dem Stand der Reformen und dem qualitativen Modell wurde entwickelt, dass die Zusammenarbeit oder die Kooperation zwischen den einzelnen Ländern in der Energy Community insbesondere für die Integration der Strommärkte ein zentrales Element ist. Es stellt sich im Folgenden die Frage, ob und wie Probleme dieser Kooperation messbar sind und Teil eines quantitativen Modells werden können.

Kooperation bedeutet eine zielgerichtete Zusammenarbeit von bestimmten Institutionen oder Personen. In diesem Kontext ist das Ziel der Energy Community die Schaffung eines gemeinsamen liberalisierten Strommarktes, der in der Theorie zu einem effizienteren Strommarkt führen wird. Dazu müssen von den Regierungen und Regulierungsbehörden einerseits

einige Regeln zu Handel, Verteilung, Zugang Dritter zu Netzen harmonisiert werden, d.h. es ist politische Zusammenarbeit von Institutionen notwendig. Andererseits müssen bei der Organisation des Transportnetzes die Übertragungsnetzbetreiber im Verbund von ENTSO-E (UCTE) gemeinsame Regeln erarbeiten und diese auf operativer Ebene umsetzen.

Institutionen mit rational handelnden Akteuren müssten zur Maximierung der Gesamtwohlfahrt kooperieren, um einen gemeinsamen Markt zu schaffen. In der Realität können dabei aber folgende Probleme auftreten: Zur Sicherung des eigenen Machtbereiches haben die staatlichen Energieversorger bzw. deren Manager unter Umständen kein Interesse an einem gemeinsamen Markt. Ein weiterer wichtiger Aspekt besteht darin, dass, wie in Kapitel 4.2 beschrieben, in den Ländern Südosteuropas die Voraussetzungen für die Kooperation in komplexen Institutionen ungünstig sind. Beide Aspekte können davon beeinflusst werden, dass auch aufgrund der Traumatisierung durch die Kriege in den 1990er Jahren die Akteure Vorbehalte haben, miteinander zu kooperieren, was für die politische Ebene und auch für die operative Ebene gilt. Aus diesen Gründen wird hier in diesem Zusammenhang die (Nicht-) Kooperation zwischen Strommarktinstitutionen auch als nicht-rational bezeichnet.

Wie lassen sich nun die Zusammenarbeit bzw. die Kooperationsprobleme zwischen den Institutionen parametrisieren? Zunächst sollen Indikatoren ermittelt werden, die die Bereitschaft zur interregionalen Kooperation darstellen. Diese wird, wie schon in Kapitel 4 erläutert, in einem Spannungsfeld von externer und interner Motivation gesehen. Die externe Motivierung wird durch die EU und ihre zahlreichen initiierten Zusammenschlüsse erfahren. Aber gerade diejenigen Länder, die hinsichtlich des EU-Beitritts schon sehr weit sind, fühlen den EU-Druck zur Kooperation als Anreiz in die falsche Richtung, sie wollen Kooperation mit der EU und nicht mit Südosteuropa, von dem sie keine positiven Anreize erwarten (Anastasakis 2008). Der EU-Druck ist unter solchen Bedingungen kontraproduktiv und verstärkt eher die Tendenz des gegenseitigen „orientalisierens". Noutcheva (2007) beschreibt, dass die Erfüllung der EU-Vorgaben zum einen von rationalen Kosten-Nutzen-Überlegungen motiviert sein kann und zum anderen von Normen und Werten, mit denen die betroffenen Akteure in Südosteuropa sozialisiert wurden. Sie geht davon aus, dass die Erfüllung der EU-Vorgaben davon abhängig ist, wie

Tabelle 22: Anteil des intra-südosteuropäischen Handels

Land	Anteil des Handels mit Südosteuropa
Albanien	3%
BiH	67%
Bulgarien	8%
Kroatien	25%
Mazedonien	23%
Rumänien	2%
Serbien/ Montenegro/ Kosovo	35%

Quelle: Uvalic 2001

die EU-Motivation von den betroffenen regionalen Akteuren eingeschätzt wird. Sofern die EU-Politik mit ihrer Konditionalität vorwiegend als Akt der EU-Sicherheitspolitik verstanden wird, kommt es in der Studie von Noutcheva (2007) zur unechten, teilweisen oder aufgezwungenen Erfüllung. Es kommt deshalb darauf an, solche Indikatoren auszuwählen, die auch Hinweise auf die interne (Nicht-)Kooperationsbereitschaft geben können. Geeignete Indikatoren werden dann zu einem Index zusammengefasst, um die Kooperationsprobleme der einzelnen Länder vergleichen zu können.

7.5.1 Indikatorenauswahl und Kooperationsindex

Als ein erster wichtiger Indikator der regionalen Zusammenarbeit wird zunächst der Handel mit normalen Gütern betrachtet (Uvalic 2001). Dieser Handel spiegelt zwei Aspekte wider: Zum einen, wie gut die technische Möglichkeit ist, Güter zu handeln. Gibt es z.B. technische oder auch nicht-technische Handelshemmnisse? Zum anderen, wie groß die Bereitschaft der beteiligten Länder ist, Waren auszutauschen. Dabei sind die wichtigsten Akteure Unternehmen, deren Absicht in der Regel in Gewinnmaximierung

besteht und somit auch von zwischenstaatlichen Problemen unabhängig sein kann.

Aus Tabelle 22 lässt sich schließen, dass der Anteil des intraregionalen Handels in Südosteuropa sehr klein ist. Die besonders geringen Anteile von Rumänien und Bulgarien am intra-südosteuropäischen Handel lassen sich mit der anvisierten EU-Mitgliedschaft und der wirtschaftlichen Orientierung an der EU erklären; Albanien dagegen hatte sich schon in der kommunistischen Zeit durch die politische Hinwendung zur VR China sehr isoliert. Die Länder des ehemaligen Jugoslawiens waren generell durch eine starke Handelsintegration geprägt. Diese traditionellen Handelsbeziehungen wurden zwar durch die Kriege seit 1990 reduziert, sind aber nach wie vor recht bedeutend. Der hohe Anteil von 2/3 im Falle von Bosnien-Herzegowina liegt darin begründet, dass Kroatien und Serbien mit der ihnen „näher stehenden" Teilrepublik intensiv handeln.

Da in der vorliegenden Arbeit vorwiegend politische und administrative Institutionen handeln, deren Ziele nicht unbedingt an der Maximierung der sozialen Wohlfahrt orientiert, sondern eher von Machterhaltungsbestrebungen und anderen geschichtlichen

Tabelle 23: Indikator für Regierungseffektivität 2005

Land	Indikator für Regierungseffektivität
Albanien	-0,49
BiH	-0,53
Bulgarien	0,23
Kroatien	0,44
Mazedonien	-0,28
Rumänien	-0,03
Serbien/ Montenegro/ Kosovo	-0,31

Quelle: Kaufmann et al. 2006

Problemen geprägt sind, müssen neben dem Indikator Handel noch weitere Indikatoren für regionale Kooperationsprobleme ermittelt werden.

Wie schon in Abschnitt 4.1.4 beschrieben, gibt es neben der Energy Community viele verschiedene andere institutionalisierte Kooperationen, wie z.B.

Da es im Folgenden aber darum gehen soll, ob die zur Kooperation notwendigen Institutionen funktionieren, besteht ein sinnvoller Ansatz darin, die Effektivität der Regierungsarbeit zu berücksichtigen. Eine geringere Effektivität würde beispielsweise auch dazu führen, dass die Institutionen nicht in geeigneter Weise an Kooperationen teilnehmen können, wie

Tabelle 24: Definition von Konfliktintensitäten

Intensitätslevel	Intensitätsbezeichnung	Definition
1	Latenter Konflikt	Eine Positionsdifferenz um definierbare Werte von nationaler Bedeutung ist dann ein latenter Konflikt, wenn darauf bezogene Forderungen von einer Partei artikuliert und von der anderen Seite wahrgenommen werden.
2	Manifester Konflikt	Ein manifester Konflikt beinhaltet den Einsatz von Mitteln, welche im Vorfeld gewaltsamer Handlungen liegen. Dies umfasst beispielsweise verbalen Druck, die öffentliche Androhung von Gewalt oder das Verhängen von ökonomischen Zwangsmaßnahmen.
3	Krise	Eine Krise ist ein Spannungszustand, in dem mindestens eine der Parteien vereinzelt Gewalt einsetzen wird.
4	Ernste Krise	Als ernste Krise wird ein Konflikt dann bezeichnet, wenn wiederholt und organisiert Gewalt eingesetzt wird.
5	Krieg	Kriege sind Formen gewaltsamer Konfliktaustragung, in denen mit einer gewissen Kontinuität organisiert und systematisch Gewalt eingesetzt wird. Die Konfliktparteien setzen, gemessen an der Situation, Mittel in großem Umfang ein. Das Ausmaß der Zerstörung ist nachhaltig.

Quelle: HIIK 2006

den Stabilitätspakt, SECI, CEFTA. Möglicherweise ist die Häufigkeit der Mitarbeit an diesen anderen Kooperationen ein Indikator für die Qualität der Zusammenarbeit. Andererseits lässt sich allein durch die Teilnahme an anderen Kooperationsformen noch nicht auf eine erfolgreiche Kooperation schließen, denn dadurch würde v.a. eine extern motivierte Kooperation abgebildet werden. Man könnte höchstens argumentieren, dass mit der Häufigkeit der Teilnahme der Kooperations-Lerneffekt größer ist.

Anastasakis und Bojici-Dzelilovic (2002) für Albanien analysieren.

Als zweiter Indikator sollen deshalb die „Governance" Indikatoren der Weltbank für Regierungseffektivität verwendet werden (siehe Tabelle 23). Dabei wird deutlich, dass Bulgarien und Kroatien (auf einer Skala von -2,5 bis +2,5) am besten abschneiden, während Albanien und BiH bei der Effektivität der Regierungsarbeit am meisten Probleme haben.

Tabelle 25: Konfliktintensitäten in Südosteuropa

Land	Höchster Intensitätswert zwischen 1990-2005	Konfliktintensität 2005
Albanien	1	1
BiH	5	2
Bulgarien	0	0
Kroatien	5	2
Mazedonien	3	3
Rumänien	0	0
Serbien/ Montenegro/ Kosovo	5	3

Quelle: HIIK, 2006 und div. Jahrgänge

Diese beiden Indikatoren können aber nicht die prägenden politischen und militärischen Konflikte seit 1990 beschreiben, von deren Auswirkungen die in den Institutionen der Energy Community Handelnden nach wie vor betroffen sind. Diese sollen durch die Kriegsintensitäten des Heidelberger Instituts für Konfliktforschung beschrieben werden, die in Tabelle 24 näher erläutert werden. Dabei sollen zum einen die Konflikte zum Untersuchungszeitpunkt berücksichtigt werden, aber auch die seit 1990 höchste Intensitätszahl, da gerade die Kriegsgeneration immer noch diejenige ist, die über die verschiedenen Institutionen zusammenarbeiten muss.

Bei den Intensitäten geht es vor allem darum, die Konflikte zwischen den betroffenen Ländern zu beschreiben. Konflikte mit Drittländern wurden nicht betrachtet. Auch hat zwar Albanien keinen direkten Konflikt mit den südosteuropäischen Ländern gehabt, aber die albanischen Minderheiten in Mazedonien und Kosovo waren z.T. erheblich von den Konflikten betroffen, deshalb soll auch für Albanien eine Konfliktintensität von 1 gelten. Im Jahr 2003 wurde im Konfliktbarometer des Instituts für Konfliktforschung die Intensitätsskala erweitert, deshalb musste bei der Spalte zu „Höchster Intensitätswert zwischen 1990-2005" die Skala in Tabelle 25 für Bosnien-Herzegowina, Kroatien und Serbien auf 5 angepasst werden.

fang der 90er Jahre immer noch einen erheblichen Einfluss auf die Kooperationsbereitschaft ausüben.

Die Indikatoren müssen zunächst in dieselbe Dimension transformiert werden (siehe Tabelle 26). Dabei wird ein standardisierter Index wie folgt berechnet:

$$\text{Index}: \frac{\text{tatsächlicherWert} - \text{untererGrenzwert}}{\text{obererGrenzwert} - \text{untererGrenzwert}}$$

Die oberen und unteren Grenzwerte stellen die höchsten bzw. niedrigsten Werte dar, die ein Indikator erzielen kann.

Der daraus abgeleitete Kooperationsindex (Tabelle 27) zeigt, dass die Kooperationsbereitschaft von Serbien (mit Montenegro und Kosovo) sowie von Kroatien und Mazedonien am geringsten sein müsste. Rumänien und Bulgarien haben nach dieser Darstellung die höchste Kooperationsbereitschaft. Auf den ersten Blick erscheinen die Werte für Albanien und BiH zu hoch. Die Ergebnisse des Kooperationsindexes müssen deshalb im Folgenden noch weiter diskutiert werden.

Zur Bewertung des Index werden dessen Ergebnisse mit der Einschätzung der Kooperationsbereitschaft in Südosteuropa aus der Literatur verglichen. Dabei

Tabelle 26: Dimensionstransformation zur Bildung eines Indexes

Teilindex	Unterer Grenzwert	Oberer Grenzwert	Anteil am Kooperationsindex
Handel	0%	100%	33%
Regierungseffektivität	-2,5	+2,5	33%
Konfliktintensität	0	5	33%

Quelle: eigene Berechnungen

Aus diesen vier Indikatoren, die die Kooperationsbereitschaft der Länder in Südosteuropa aus verschiedenen Perspektiven beschreiben, wird im Folgenden ein Kooperationsindex nach dem Vorbild des Human Development Index gebildet. Aufgrund der Datenlage ist ein additiver Index notwendig (Bortz und Döring 2006), der für die drei Indikatoren „Handel", „Regulierungseffektivität" und „Konflikte" gleich gewichtet ist (zu je 1/3). Die zwei Konfliktindikatoren sollen zu 2/3 für den historischen Indikator und zu 1/3 mit dem aktuellen Indikator berücksichtigt werden, da angenommen wird, dass die Kriege An-

sollen vor allem Anastasakis und Bojici-Dzelilovic (2002) als grundlegende Kontrolle herangezogen werden, da sie eine Umfrage unter den Eliten in Südosteuropa durchgeführt haben, um deren Einschätzung von regionaler Kooperation zu erfahren.

Diese Einschätzung hat einen allgemeinen Charakter und ist nicht durch weitere Belege differenziert, da es hier um das Aufzeigen einer Methode zur Einbeziehung von Kooperationsproblemen in ein quantitatives Modell geht. Zudem wurden mehrere Punkte außer Acht gelassen: Die Kooperationsbereitschaft

Tabelle 27: Herleitung Kooperationsindex

Land	Index Handel	Index Regierungseffektivität	Index Konfliktintensität historisch	Index Konfliktintensität 2005	Kooperationsindex
Albanien	0,03	0,4	0,83	0,14	0,42
BiH	0,67	0,39	0,17	0,03	0,47
Bulgarien	0,08	0,55	1	0,17	0,54
Kroatien	0,25	0,59	0,17	0,03	0,39
Mazedonien	0,23	0,44	0,5	0,08	0,39
Rumänien	0,02	0,49	1	0,17	0,5
Serbien/ Montenegro/ Kosovo	0,35	0,44	0,17	0,03	0,36

Quelle: Uralic 2001, Kaufmann et al. 2006, HIIK 2006 und div. Jahrgänge, eigene Berechnungen

verändert sich fortlaufend, da im Verlauf der Zeit die Akteure ihre Entscheidungen in einem „Lernprozess", der ungerichtet ist und nicht unbedingt das EU-Modell zum Ziel hat, anpassen. Außerdem sind die Entscheidungen der relevanten Akteure im starken Maße von der jeweiligen politischen Konstellation abhängig. Schließlich ist die Kooperationsbereitschaft unterschiedlich ausgeprägt, je nachdem, mit wem kooperiert wird und zu welchem Zweck. Spezifische bilaterale Probleme sowie spezielle strommarktorientierte Themen werden nicht behandelt.

Zur besseren Übersicht werden die Ergebnisse von Anastasakis und Bojici-Dzelilovic (2002) nach Ländern unterschieden:

Albanien
Grundsätzlich ist Albanien sehr isoliert, auch was die Infrastruktur betrifft, somit ist der Handel eingeschränkt. Zu den östlichen Nachbarn, besonders Serbien – es geht um albanische Minderheiten in Kosovo, Montenegro und Mazedonien – sind die Beziehungen meistens angespannt.

Die Elite sieht Albanien nicht als Teil der Region und legt den Fokus eher auf Italien und Griechenland. Die regionale Kooperation aus Sicht von Albanien ist deshalb nicht wichtig, da Probleme v.a. im Bereich Sicherheit, Rohstoffe und Fähigkeiten, beides zu schaffen bzw. zu nutzen, bestehen. Aber es wird akzeptiert, dass regionale Kooperation von außen gefordert wird. Insgesamt besteht die Einschätzung, dass in Albanien funktionierende Institutionen fehlen, um Kooperationsprojekte durchzuführen. Der Kooperationsindex stellt deshalb die Lage Albaniens viel zu positiv dar.

Bosnien-Herzegowina
Bosnien-Herzegowina wird v.a. von den Entwicklungen in Kroatien und Serbien beeinflusst, muss aber zuerst die Kooperation zwischen den beiden Entitäten der Föderation entscheidend verbessern. Politische Kooperation wird nicht als wirklich notwendig angesehen, sondern eher die wirtschaftliche Kooperation mit der EU und Kroatien bzw. Serbien (je nach Teilstaat). Außerdem wird Kooperation als wichtig erachtet, um die innere und äußere Sicherheit zu garantieren.

Zum Aufbau der Kooperation fehlen funktionierende staatliche Institutionen, so dass die EU als eine eher theoretische Entwicklungsstrategie gesehen wird. Je mehr regionale Kooperation von außen induziert wird, desto mehr wird befürchtet, dass es der EU nicht um Integration geht, sondern um die Bildung eines „zweiten" Europas. Die Einschätzung des Kooperationsindexes ist auch in diesem Fall zu positiv aufgrund der starken Vernetzung der beiden Teilstaaten mit Kroatien und Serbien.

Bulgarien
Bulgarien betrachtet sich als fortgeschrittener als andere Länder in der Region und möchte deshalb nicht mit den westlichen Balkanländern identifiziert werden. Bei regionalen Initiativen sieht sich das Land als „Anführer". Die fehlende Stabilität in Bosnien-Herzegowina, Mazedonien und Kosovo wird als Störfaktor für regionale Kooperation gesehen.

Wenn Interesse an Kooperation besteht, dann nur als Mittel zum Zweck der damals anvisierten EU-Mitgliedschaft. Ansonsten gibt es eher bilaterale Initiativen mit Türkei, Griechenland, Serbien und

Mazdonien. Bulgarien ist außerdem in der Black Sea Economic Cooperation involviert.

Kroatien

Kroatien sieht sich eher auch aus historischen Gründen als zentraleuropäisches Land, das wirtschaftlich weiter entwickelt sowie institutionell und politisch stabiler ist als die anderen Länder in der Region. Das Ziel in der Kooperation besteht darin, ein Zentrum für regionale Geschäftsverhandlungen zu werden. In dieser Hinsicht wird es auch als akzeptabel angesehen, den Handel mit Ex-Jugoslawien wieder aufzunehmen, aber bei regionalen Initiativen besteht Angst vor einem neuen Jugoslawien. So wird der Stabilitätspakt als kritisch bewertet, es werden bilaterale Kooperationen bevorzugt, die Kroatien außerhalb des Balkankontextes positionieren.

Die Bevölkerung hat eher weniger Interesse an einer Kooperation mit Südosteuropa aufgrund der Kriegserfahrung, der wirtschaftlichen Probleme und den geringen kulturellen Verbindungen zu Albanien, Rumänien und Bulgarien.

Mazedonien

Mazedonien war zwar nicht direkt von den Kriegen in Ex-Jugoslawien betroffen, aber es gab Konflikte mit Albanien und Kosovo infolge des Kosovo-Krieges. Grundsätzlich ist Mazedonien offen für regionale Kooperationen besonders hinsichtlich der Länder des ehemaligen Jugoslawiens und ist als kleines Land auch darauf angewiesen. Auf der anderen Seite sollen die Verbindungen zur EU, Deutschland, Italien und Griechenland ausgebaut werden.

Rumänien

Rumänien sieht ebenso wie Bulgarien regionale Kooperationen wie den Stabilitätspakt als Mittel zum Zweck der EU-Integration.

Serbien, Montenegro, Kosovo

Serbien (mit Montenegro und Kosovo) sieht sich selbst als zentrales Land in der Region mit besonders engen Verbindungen zu anderen ehemaligen jugoslawischen Staaten, aber auch Gemeinsamkeiten mit anderen Ländern Südosteuropas. Serbien kann viel zur regionalen Kooperation beitragen. Es bestehen wirtschaftliche Verbindungen besonders zu anderen ehemaligen jugoslawischen Staaten. Als Schutzmacht wird immer noch von großen Teilen der politischen Klasse Russland angesehen und in diesem Zusammenhang die Energiewirtschaft als eng an die Politik gekoppelt verstanden.

Allerdings gibt es große Probleme im Verhältnis zu Kroatien und Bosnien-Herzegowina, die Beziehungen müssen sich erst normalisieren, bevor es zu regionaler Kooperation kommen kann. Der regionale Ansatz der EU der extern gesteuerten Kooperation wird kritisch gesehen und berücksichtigt nicht die Interessen der Region.

Auch innerhalb Serbiens gibt es Probleme in der Kooperation mit dem Kosovo (siehe 5.2.4).

Bis auf Albanien und Bosnien-Herzegowina, deren Kooperationsbereitschaft unter Einbezug dieser Umfrageergebnisse etwas geringer eingeschätzt werden müsste, führt der Kooperationsindex zwar insgesamt zu einer einigermaßen plausiblen Beschreibung der Kooperationsbereitschaft, hat aber seinen Wert v.a. in der Strukturierung des Problems. Das Ergebnis hängt sehr stark von der Gewichtung der Einzelindikatoren in diesem Index ab, die empirisch belegt werden müsste.

7.5.2 Entwicklung von Kooperationsszenarien

Aus dieser Analyse lässt sich schließen, dass der Index ohne empirischen Beleg über die Problemstrukturierung hinaus nicht als Parameter in einem quantitativen Modell verwendet werden kann. Die erarbeiteten Informationen über die Kooperationsbereitschaft sollen deshalb in Szenarien zu möglichen Kooperationskonstellationen dargestellt werden. Dabei werden auch die Größe der Strommärkte und die Position im Netz berücksichtigt. Es wird angenommen, dass eine Nicht-Kooperation von Ländern mit großen Strommärkten einen gemeinsamen Strommarkt stärker beeinflusst als die Nicht-Kooperation von kleinen Ländern. Wenn ein Strommarkt mit vielen anderen Märkten vernetzt ist, hat eine Nicht-Kooperation ebenfalls eine größere Auswirkung auf einen gemeinsamen Markt als bei peripheren Strommärkten.

Aufgrund der Beschreibungen im Kooperationsindex wird in dem ersten Szenario angenommen, dass Serbien nicht kooperiert (KOOP 1).

Da Serbien ein großes Stromerzeugerland ist, mit einem Anteil von ca. 20% an den Stromerzeugungskapazitäten in Südosteuropa, würde eine Nicht-Kooperation erhebliche Auswirkungen auf die Liquidität eines gemeinsamen Marktes haben. Wichtiger ist allerdings, dass Serbien in dem südosteuropäischen Stromnetz eine zentrale Rolle einnimmt. In einem gemeinsamen Markt ist der ungehinderte Zugang zum serbischen Markt eine Grundvoraussetzung. Wenn also Serbien nicht kooperiert, dann entsteht auch kein gemeinsamer Markt in Südosteuropa. Die Studie von Pöyry Energy Consulting (2009a) kommt zu einer ähnlichen Einschätzung. Ob andere Länder noch kooperieren oder nicht, wäre dann unerheblich.

Allein Rumänien und Bulgarien wären von einer solchen Entwicklung nicht betroffen. Diese beiden Länder haben schon weit reichende Reformen auf den Strommärkten umgesetzt, auch was einen gemeinsamen Markt angeht. Als EU-Mitglieder sind sie Teil eines europäischen Binnenmarktes und werden miteinander und anderen EU-Ländern handeln.

In dem zweiten Szenario kooperiert BiH nicht (KOOP 2), da es trotz eines hohen Kooperationsindexes zu viele Probleme gibt, die zunächst innerhalb des Landes gelöst werden müssen, wie auch in den Schlussfolgerungen der Europäischen Kommission hinsichtlich der Annäherung des Landes an die Europäische Union (European Commission 2009) deutlich wird. Es ist deshalb anzunehmen, dass es für BiH schwierig ist, an dem Aufbau von Institutionen für einen gemeinsamen Strommarkt mitzuarbeiten. Wenn Serbien bei diesem Szenario mitmacht, dann fällt nur Kroatien aus einem gemeinsamen Strommarkt, da es mit BiH die meisten funktionierenden Übertragungskapazitäten hat.

Im nächsten Szenario kooperiert Kroatien nicht (KOOP 3), da es sich eher auf die EU-Mitgliedschaft konzentriert und sich in der Kooperation eher an Slowenien, Ungarn und Österreich orientiert. Kro-

atien ist zwar ein großes Stromerzeugerland (ca. 8% der Erzeugungskapazitäten), aber in Südosteuropas Stromnetz ist es eher peripher gelegen. Trotz einer Nicht-Kooperation könnten deshalb die verbleibenden Staaten einen gemeinsamen Strommarkt aufbauen, was auch in Energy Consulting (2009b) so gesehen wird.

Für das Szenario der Nicht-Kooperation von Albanien (KOOP 4) gilt eine ähnliche Argumentation. In diesem Szenario wäre Albanien nicht in der Lage, funktionierende gemeinsame Institutionen aufzubauen. Da Albanien nur einen kleinen Marktanteil bzgl. der Erzeugungskapazitäten hat, am Rande der Energy Community liegt und nur mit dem serbischen Stromnetz verbunden ist, würde sich allerdings eine Nicht-Kooperation nicht auf den Aufbau eines gemeinsamen Strommarktes auswirken. Dies gilt umso mehr, da Albanien nicht Mitglied der ENTSO-E ist.

Anhand der beiden letzten Szenarien KOOP 3 und KOOP 4 lässt sich in einem späteren Modell zeigen, welche Auswirkungen es auf den gemeinsamen Strommarkt hat, wenn ein großes oder kleines Land nicht kooperieren.

7.6 Ausblick

Als Ergebnis der Parametrisierung sollen vor dem Hintergrund der späteren Analyse wichtige Parameter miteinander verglichen werden. So zeigt sich bei einem Vergleich der durchschnittlichen Haushaltspreise sowie der Durchschnittskosten, dass in allen Ländern z.T. noch weit unter dem Kostenniveau

Tabelle 28: Vergleich Preise/Kosten

Land	Durchschnittspreise in Euro/MWh	Durchschnittskosten in Euro/MWh
Albanien	45	80
BiH	59	83
Bulgarien	57	46
Kosovo	46	60
Kroatien	75	75
Mazedonien	37	52
Montenegro	41	60
Rumänien	76	79
Serbien	40	60

Quelle: EBRD 2003, ERRANET 2009, eigene Berechnungen

Tabelle 29: Vergleich Erzeugungskapazitäten und Referenznachfrage

Land	Erzeugungskapazitäten 2003 in MW	Spitzenlastnachfrage 2005 in MW	Grundlastnachfrage 2005 (geschätzt)
Albanien	1.471,5	1.300	189
BiH	3.714	1.700	674
Bulgarien	12.357	6.200	3.601
Kosovo	1.533	1.300	132
Kroatien	3.983	3.000	1.305
Mazedonien	1.485,5	1.400	535
Montenegro	840	0.800	342
Rumänien	17.599	7.800	5.456
Serbien	7.665	6.900	1.928

Quelle: PriceWaterhouseCoopers 2004, IEA 2008, UCTE Datenbank, eigene Berechnungen

Strom verkauft wird, wie schon in vorherigen Kapiteln angenommen wurde.

Beim Vergleich der Erzeugungskapazitäten und der Spitzenlast- bzw. Grundlastnachfrage wird zudem deutlich, dass in den meisten Ländern (Albanien, Kosovo, Kroatien, Mazedonien, Montenegro und Serbien) bezüglich der Spitzenlast nahe an der Kapazitätsgrenze produziert wird. Aufgrund der veralteten Kraftwerkstechnologie und des hohen Anteils an Wasserkraft in einzelnen Ländern kann die tatsächliche Kapazitätsgrenze sehr viel niedriger liegen. Es muss deshalb in Zeiten der Spitzenlastnachfrage mit Kapazitätsengpässen gerechnet werden.

Aufgrund der in diesem Kapitel beschriebenen Datenlage werden Montenegro und Kosovo in der Simulation mit Serbien zusammengefasst. Zwar liegen für einige Parameter auch schon Daten für beide Länder vor, z.B. zu Erzeugungskapazitäten und Preisen. Aber für Kosten, Übertragungskapazitäten sowie Export und Import gibt es für 2005 noch keine eigenen Daten. Dabei muss beachtet werden, dass Montenegro bis 2006 und der Kosovo bis 2008 politisch Teil von Serbien waren.

Die in diesem Kapitel ermittelten Daten und Kooperationsszenarien fließen in das in Kapitel 8 zu entwickelnde quantitative Modell ein, um damit für die sieben Länder, Albanien, Bosnien-Herzegowina, Bulgarien, Kroatien, Mazedonien, Rumänien und Serbien unter verschiedenen Bedingungen die Auswirkungen der Liberalisierung und Integration der Strommärkte in Südosteuropa auf Basis der Daten des Jahres 2005 zu simulieren.

8 Quantitatives Modell STROMSOE

Ziel des quantitativen Modells „STROMSOE" (STROMmarktmodell für SüdOstEuropa) ist es, die Ergebnisse des qualitativen Modells unter Verwendung der ermittelten Daten und Szenarien weiter zu konkretisieren. So sind z.B. die Auswirkungen von ungenügender Kooperation und von strategischem Verhalten der Marktteilnehmer auf die Variablen Preise, Mengen und Handel und die daraus ermittelbare soziale Wohlfahrt durch das qualitative Modell in seinen Größenordnungen nicht abschätzbar.

Dieses Defizit soll das quantitative Modell ausgleichen, in dem es die Situation auf dem Strommarkt in Südosteuropa in einem mathematischen Gleichungssystem formalisiert, damit die Beziehungen zwischen den Akteuren in ihrer Richtung und Größenordnung bestimmbar werden.

Das vorliegende Modell basiert v.a. auf dem EMELIE-Modell (Lise et al. 2006, Kemfert et al. 2003) und auf Hobbs und Helman (2004). Darauf aufbauend werden verschiedene Wettbewerbsszenarien eines integrierten Marktes entwickelt. Die wesentliche Erweiterung des Grundmodells besteht in der Berücksichtigung von Kooperationsproblemen. Bevor die Modellgleichungen definiert und beschrieben werden, soll im Folgenden die Modellstruktur mit ihren Szenarien erläutert werden.

8.1 Vorüberlegungen zur Modellparametrisierung

Zunächst wird ein Referenzmodell erstellt, das möglichst gut die Situation aus dem Basisjahr 2005 abbilden soll. Der Referenzfall bezieht sich auf eine exogen vorgegebene Nachfrage aus dem Basisjahr. Es wird angenommen, dass kein Akteur die Preise bestimmen kann, die Referenzpreise werden als Startpunkt für die Simulation verwendet.

Zum Zeitpunkt der Referenzdaten waren die Strommärkte in Südosteuropa noch getrennt. In jedem Land hat der staatliche Stromerzeuger den Großteil des Stromes erzeugt. Ex- und Importe wurden von den Anbietern/Händlern getätigt und basierten großteils auf langfristigen Verträgen (SEETEC 2006). Die Bestimmungsgründe für Ex- und Importe lagen also eher in den Produktionskapazitäten und langfristigen vertraglichen Beziehungen.

In diesem Referenzmodell ist der wichtigste Akteur der Stromerzeuger, der seinen Gewinn (Umsatz-Kosten) maximieren möchte. Dieser ist abhängig von der Kapazitätsobergrenze seiner Kraftwerke und von den Kapazitätsgrenzen des Transportnetzes. Da gerade bei dem Gut „Strom" der Markt geräumt sein muss, ist eine Markträumungsgleichung notwendig, bei der der angebotene Strom gleich dem nachgefragten plus dem Nettohandel ist.

Ziel der „Energy Community" ist sowohl die Liberalisierung als auch die Integration der bisher eigenständigen, nationalen Strommärkte. Das quantitative Modell soll zeigen, inwiefern sich die Referenzsituation verändert, wenn verschiedene Szenarien angenommen werden.

Je nach Ausgestaltung der Liberalisierungsmaßnahmen kann es zu freiem oder eingeschränktem Wettbewerb auf den Strommärkten kommen, die in den folgenden Wettbewerbszenarien unterschieden werden sollen (siehe auch Tabelle 30). Grundsätzlich wird allerdings im Modell angenommen, dass die Strompreise nicht mehr reguliert werden, sondern dass diese sich aufgrund der jeweiligen Marktsituation ergeben.

Im Fall des <u>freien Wettbewerbs</u> wird davon ausgegangen, dass kein Akteur den Markt über Preis oder Menge beeinflussen kann, so dass der Preis vom Markt bestimmt wird. Im Gegensatz zum Referenzfall ergibt sich der Preis im COMP-Szenario[1] in Abhängigkeit von der Nachfrage. Dabei wird ebenso ein gemeinsamer Markt angenommen, in dem die Ex- und Importe auf die Preisverhältnisse zwischen den einzelnen Ländern reagieren. In einem integrierten Strommarkt müssten sich die Preise einander anpassen, besonders, wenn es nicht zu Netzbeschränkungen kommt (Horn et al. 2006, Boisselau und Hewicker 2004). Dieser Gesamtmarkt wird in STROMSOE als Markt definiert, der zwar noch aus einzelnen Märkten mit eigener Preisbildung besteht, der aber insofern „integriert" ist, als dass die Markt-

---

1   Vgl. auch die Ausführungen zu dem Qualitativen Modell 1 in Kapitel 6.2.2

anteile einzelner Firmen auf den Gesamtmarkt bezogen sind und die Handelsaktivitäten sich an den Preisen der anderen Länder orientieren. Nur unter diesen Annahmen lässt sich im Modell ein System von sieben Märkten zu „einem" Markt integrieren.

Im Gegensatz zu dem idealen COMP-Fall wird in den Fällen des <u>strategischen Verhaltens</u> angenommen, dass ein oder mehrere Akteure über die Wahl eines Produktionsniveaus Marktmacht ausüben und dadurch die Preise beeinflussen können. Hier sind verschiedene Szenarien möglich:

Im MONO-Fall haben alle Firmen jeweils in ihrem nationalen Teilmarkt Marktmacht. Dieses Szenario beschreibt zumindest bezüglich der Marktstruktur am besten die derzeitige Situation auf dem Strommarkt in Südosteuropa, wie sie auch in den beiden

gemeinsamen auszuarbeiten und umzusetzen. Aufgrund der Literaturauswertung kann angenommen werden, dass in dem Maße, in dem diese institutionelle Kooperation funktioniert, auch geeignete Maßnahmen für einen gemeinsamen Markt geschaffen werden. Im Folgenden wird aus sprachlichen Vereinfachungsgründen von (Nicht-) Kooperation der Länder gesprochen, obwohl es genau genommen die Institutionen der Länder sind, die (nicht-)kooperieren.

Die KOOP-Fälle befinden sich in ihren Auswirkungen zwischen den beiden Extremfällen MONO und COMP. Es wird angenommen, dass bei fehlender Kooperation die Märkte weiterhin voneinander getrennt sind (MONO), während bei voller Kooperation ein „optimaler" gemeinsamer Markt entsteht (COMP).

Tabelle 30: Überblick über STROMSOE-Szenarien

Szenario	Beschreibung
COMP	Freier Wettbewerb
MONO	Strategisches Verhalten in <u>getrennten</u> Märkten
INTEG	Strategisches Verhalten im <u>gemeinsamen</u> Markt
KOOP_S, 1-4	Kooperationsszenarien – <u>strategisches Verhalten</u> in gemeinsamen Marktbereich
KOOP_C, 1-4	Kooperationsszenarien – <u>freier Wettbewerb</u> in gemeinsamen Marktbereich

Fällen des Qualitativen Modells 2 beschrieben wurde (siehe Kapitel 6.2.3). Um die räumliche Trennung der einzelnen nationalen Strommärkte zu verdeutlichen, werden grenzüberschreitende Preisunterschiede für die Beschreibung des Handels nicht berücksichtigt. Die marktbeherrschenden Unternehmen können in diesem Fall die Preise über Mengenanpassungen bestimmen.

Im INTEG-Fall gibt es einen Gesamtmarkt in Südosteuropa, in dem sich ein oder mehrere Akteure aufgrund der Höhe ihres Marktanteils strategisch verhalten können. Die Marktmacht ist umso höher, je näher sich die Märkte an den Kapazitäten für Produktion und Stromübertragung befinden (siehe Kapitel 7.1.2).

Neben den beiden Extremfällen MONO und INTEG wird eine weitere Szenariogruppe entworfen, die die Kooperation der Akteure bei der Schaffung eines gemeinsamen Marktes beschreibt (KOOP-Fälle). Wie schon zuvor erklärt, ist es vor allem die Aufgabe von Übertragungsnetzbetreiber und Regulierungsbehörden, die entsprechenden Regelungen

Durch die Formulierung von vier verschiedenen KOOP-Szenarien (siehe auch Kapitel 7.5) werden die Kooperationsprobleme in ihren Auswirkungen auf den gemeinsamen Strommarkt abgeschätzt. Dabei werden zwei unterschiedliche Fälle mit den vier KOOP-Szenarien kombiniert. Zum einen wird davon ausgegangen, dass in den Märkten, die kooperieren und somit einen integrierten Markt bilden, sich große Stromunternehmen strategisch verhalten können (KOOP_S, 1-4). Dagegen wird dann in einer Variation (KOOP_C, 1-4) ein durch Kooperation entstandener gemeinsamer Markt mit freiem Wettbewerb angenommen.

Zusammenfassend werden in Tabelle 30 die einzelnen Szenarien noch einmal tabellarisch dargestellt.

8.2 Beschreibung des Modelltyps

Das zuvor charakterisierte Modell soll als nicht-lineares Optimierungsmodell unter beschränkenden Nebenbedingungen formuliert werden. Die Darstellung in Form eines so genannten Mixed Complementarity Problems (MCP) erleichtert die Darstellung und die Lösung eines quadratischen nicht-linearen Gleichungssystems (Ferris und Munson 1998).

Dadurch, dass das Modell als MCP definiert wird, können alle endogenen Variablen und Nebenbedingungen gleichzeitig bestimmt werden (Hobbs und Helman 2004). Es ist eine Lösung von komplexen mathematischen Programmen möglich, ohne im Modell die Zielfunktion explizit formulieren zu müssen (Lise und Lindenhof 2004).

Ein Complementarity Problem stellt sich so dar:

Finde einen Vektor x , so dass:

$$0 \leq x \perp G(x) \leq 0 \qquad (1)$$

dies ist zu lesen als:

$$x \geq 0; G(x) \leq 0; x^T G(x) = 0 \qquad (2)$$

was letztendlich bedeutet, dass mindestens eine der Ungleichungen als Gleichung erfüllt sein muss.

Ein MCP erlaubt zusätzlich untere und obere Grenzen für die Variablen, anstatt der Nichtnegativitätsbedingung. Dabei können Teil dieser Problemformulierung Gleichungen sein, die sich auf beschränkte, aber auch auf unbeschränkte Variablen beziehen (Ferris und Pang 1997).

Ein Optimierungsproblem unter Nebenbedingungen lässt sich wie folgt als MCP darstellen (Hobbs und Helman 2004):

$$\max_{x} F(x) \qquad (3)$$

Nebenbedingungen:

$$G(x) \leq 0 \qquad (4)$$
$$0 \leq x$$

Dabei bezeichnet F(x) die zu maximierende Zielfunktion. Es wird angenommen, dass F(x) glatt und konkav ist und jede Nebenbedingung $G_i(x)$ glatt und konvex. Daraus folgt dann, dass in einem solchen Optimierungsproblem jedes lokale Optimum ein globales Optimum ist.

Für die Zielfunktion sowie die Nebenbedingungen werden sogenannte Karush-Kuhn-Tucker-Bedingungen aufgestellt (siehe unten). Dazu wird für alle Nebenbedingungen eine zusätzliche Variable (so genannte Schattenvariable) eingeführt, die inhaltlich die Opportunitätskosten der Beschränkung darstellen (Ferris und Munson 1998). Wenn für Variablenkombinationen im späteren Modell für eine Schattenvariable positive Werte entstehen, bedeutet dies somit, dass die Beschränkung für diese Kombination wirksam ist.

Teil des MCPs im Modell STROMSOE sind dann noch Markträumungs- und Konsistenzgleichungen, die auch jeweils mit einer Variablen verbunden sind, so dass insgesamt ein Gleichungssystem entsteht mit gleicher Anzahl von Gleichungen und Variablen, das im folgenden Kapitel genauer beschrieben wird.

8.3 STROMSOE Grundmodell

Zur mathematischen Formulierung von STROMSOE sind Definitionen von exogenen, d.h. nur von außen bestimmten Parametern, sowie von endogenen Variablen, die sich aus dem Modell ergeben, notwendig.

8.3.1 Modell Notationen

In den nachfolgenden Tabellen werden Modellindizes (Tabelle 31), Parameter (Tabelle 32) sowie Variablen (Tabelle 33) von STROMSOE erläutert und sowohl in der Berichtsversion als auch in der Schreibweise für das GAMS-Modell aufgeführt.

Tabelle 31: Modell-Indizes

Notation in Bericht	Notation in GAMS	Beschreibung
$f, g \in F$	$fg, gg \in FG$	Stromerzeugungsunternehmen
$r, r^* \in R$	$r, rr \in R$	Länder
$r, r^* \in C$	$r, rr \in C$	Kooperierende Länder
$r, r^* \in NC$	$r, rr \in NC$	Nichtkooperierende Länder
$i \in I$	$i \in I$	Technologie
$l \in L$	$l \in L$	Last

Tabelle 32: Modell-Parameter

Notation in Bericht	Notation in GAMS	Beschreibung
$c_{i,r}^{gv}$	cgv(i,r)	Variable Stromproduktionskosten
h_l	h(l)	Anzahl der Produktionsstunden
$p_{r,l}^0$	p0(r,l)	Referenzstrompreis
$d_{r,l}^0$	d0(r,l)	Referenzstromnachfrage
$\varepsilon_{r,l}$	e(r,l)	Preiselastizität
λ_{r,r^*}	ls(r,rs)	Verlust durch Stromtransport
η_{r,r^*}	transc(r,rs)	Transportkapazität zwischen zwei Ländern
γ_r	zp(r)	Einschränkung durch Zahlungsprobleme
$q_{i,fg}^{max}$	qmax(i,fg)	Maximale Kapazität
exq_r	exq(r)	Exportquotient
imq_r	imq(r)	Importquotient
$\xi_{f,l}$	mr(fg,l)	Verringerung des Marktmachtaufschlags
κ_r^1	ko1(r)	Kooperationsmultiplikator 1
κ_r^2	ko2(r)	Kooperationsmultiplikator 2

Tabelle 33: Modell-Variablen

Notation in Bericht	Notation in GAMS	Beschreibung
$p_{r,l}$	p(r,l)	Marktpreis für Strom
$q_{i,f,r,l}$	q(i,fg,r,l)	Produktion an Strom
$s_{f,r,l}$	s(fg,r,l)	Stromangebot pro Land
$\mu_{i,f,l}$	spk(i,fg,l)	Schattenpreis der Kapazitätsbeschränkung
$\omega_{r,r^*,l}$	sph(r,rs,l)	Schattenpreis der Handelsbeschränkung
$\vartheta_{f,r,l}$	ans(fg,r,l)	Anteil des Stromangebots von f am Gesamtmarkt
$nh_{r,r^*,l}$	nh(r,rs,l)	Nettohandel zwischen zwei Ländern
wvl	wvl	Wohlfahrtsverluste

8.3.2 Nichtlineares Optimierungsmodell

Zielfunktion Produktion

Die Zielfunktion der Stromproduktion beschreibt den Gesamtgewinn auf dem Energiemarkt durch die Differenz von Erlösen und Kosten. Dabei werden die Erlöse eingeschränkt durch die Zahlungsprobleme sowie die Transportverluste.

$$\Pi^f = \sum_l h_l \cdot \sum_r \sum_l \gamma_r \cdot p_{r,l} \cdot \left(1 - \lambda_r\right) \cdot q_{i,f,r,l} - \sum_l h_l \cdot \sum_r \sum_i \sum_l c_{i,r}^{gv} \cdot q_{i,f,r,l} \tag{5}$$

Nebenbedingungen

Die erste Nebenbedingung besteht in der Kapazitätsbeschränkung bei der Stromerzeugung. Es kann nicht mehr als $q_{i,f}^{max}$ produziert werden.

$$\sum_r q_{i,f,r,l} \le q_{i,f}^{max} \tag{6}$$

Die zweite Nebenbedingung beschränkt den Nettostromhandel durch die Transferkapazitäten des Übertragungsnetzes.

$$nh_{r*,r,l} \le \eta_{r*,r} \tag{7}$$

Zusätzlich zu dem Kern des Optimierungsmodells, bestehend aus Zielfunktion und Nebenbedingungen, sind weitere Gleichungen notwendig, um Variablen zu definieren und das gesamte Marktsystem ins Gleichgewicht zu bringen.

Markträumungsgleichung

Da Strom praktisch nicht gespeichert werden kann, muss im Modell das Angebot gleich der Nachfrage sein, d.h. der Markt muss geräumt sein (siehe Gleichung (8)).

$$\sum_f \sum_i (1 - \sum_{r*} \lambda_{r*,r}) \cdot q_{i,f,r,l} = d_{r,l}^0 \left(\frac{p_{r,l}}{p_{r,l}^0}\right)^{-\varepsilon_{r,l}} + \sum_{r*} nh_{r,r*,l} \tag{8}$$

An dieser Stelle des Modells fließen auch Informationen über die Nachfrager mit ein. Die Stromnachfrage wird in einer Nachfragegleichung in Abhängigkeit der Referenznachfrage und der Preiselasitizität der Nachfrage definiert.

Diese Nachfragegleichung basiert hier auf einer Constant Elasticity of Substitution (CES)-Nutzenfunktion (siehe Gleichung (8a)). Eine CES-Nutzenfunktion ist v.a. dann sinnvoll, wenn die zu betrachtenden Güter entweder Substitute oder Komplementäre sind, was hier für das Gut Strom auch gilt. Der Nutzen ist ein Maß für die Bedürfnisbefriedigung, den ein Wirtschaftssubjekt aus dem Konsum eines Gutes zieht, aber auch Maß für den Vorteil, der aus einem wirtschaftlichen Geschäft gezogen oder erwartet wird. Der Nutzen ist objektiv nicht messbar, er hängt von den Präferenzen des Einzelnen ab. In dieser Nutzenfunktion werden die Präferenzen der Konsumenten in Form von Preiselastizitäten abgebildet (siehe auch 7.2).

$$U_r = \sum_l p_{r,l}^0 \, d_{r,l}^0 \cdot \frac{\varepsilon_{r,l}}{1 - \varepsilon_{r,l}} \cdot \left(\frac{\sum_{f,l} s_{f,r,l}}{d_{r,l}^0}\right)^{\frac{\varepsilon_{r,l}-1}{\varepsilon_{r,l}}} - \sum_l p_{r,l} \cdot \sum_{f,l} s_{f,r,l} \tag{8a}$$

Die Ableitung der CES-Funktion nach s ist die Nachfragefunktion.

$$\sum_f s_{f,r,l} = d_{r,l}^0 \left(\frac{p_{r,l}}{p_{r,l}^0}\right)^{-\varepsilon_{r,l}} \tag{8b}$$

Konsistenzgleichungen

Das Angebot $s_{f,r,l}$ ist der Teil der Stromerzeugung abzüglich der Verluste durch den Transport von Strom.

$$s_{f,r,l} = \left(1 - \sum_{r*} \lambda_{r*,r}\right) \cdot \sum_i q_{i,f,r,l} \tag{9}$$

In dem Grundmodell wird der Nettohandel auf Basis des Stromangebots, d.h. der von Transportverlusten bereinigten Stromproduktion definiert. Dabei wird in Gleichung (10) zunächst der Teil der Stromerzeugung dargestellt, der von den Firmen f aus r* für das Land r produziert wird, unter Berücksichtigung der Stromverluste r*. Um dieses Stromangebot von f aus r* auf die realen Exportbedingungen aus dem Basisjahr abzustimmen, wurde es mit dem Exportkoeffizienten, einem Quotienten aus Exporten und der Nachfrage aus dem Jahr 2005, multipliziert. Davon wird im zweiten Gleichungsteil das entsprechende Stromangebot von Firmen g aus r, gewichtet mit einem Importkoeffizienten, subtrahiert.

$$nh_{r*,r,l} = exq_{r*} \cdot \sum_{f \in F_{r*}} \left(1 - \lambda_{r*,r*}\right) \cdot q_{i,f,r,l}$$

$$-imq_r \cdot \sum_{g \in F_r} \left(1 - \lambda_{r,r}\right) \cdot q_{i,f,r*,l} \tag{10}$$

Schließlich muss noch der Marktanteil eines Unternehmens f an dem relevanten Markt definiert werden. Hier wird zunächst angenommen, dass der relevante Markt der Gesamtmarkt ist.

$$\vartheta_{f,r,l} = \frac{\sum_{r**}(1 - \lambda_{r**,r}) \cdot \sum_i q_{i,f,r,l}}{\sum_i \sum_g \sum_{r*}(1 - \lambda_{r*,r}) \cdot q_{i,g,r,l}} \tag{11}$$

Die Gleichungen (5)-(11) bilden die Grundlage für das Modell STROMSOE. Um die Voraussetzungen für die Lösung des Modells zu schaffen, müssen für das Kernmodell mit Zielfunktion und Nebenbedingungen Karush-Kuhn-Tucker-Bedingungen formuliert werden.

8.3.3 Karush-Kuhn-Tucker-Bedingungen

Die Karush-Kuhn-Tucker-(KKT)-Bedingungen werden aufgesetzt, um ein nichtlineares Optimierungsproblem mit Nebenbedingungen im Rahmen eines MCPs zu lösen.

Zunächst werden die Zielfunktion sowie die Nebenbedingungen in einer Lagrange-Funktion aufgestellt. Jede Nebenbedingung wird mit einem Multiplikator, der sogenannten Schattenvariable, verbunden (siehe Gleichung (12)).

Lagrange-Funktion

$$L^f = \sum_l h_l \cdot \sum_r \sum_i \gamma_r \cdot p_{r,l} \cdot \left(1 - \lambda_{r*,r}\right) \cdot q_{i,f,r,l}$$

$$-\sum_l h_l \cdot \sum_r \sum_i c_{i,r}^{gv} \cdot q_{i,f,r,l}$$

$$-\sum_l h_l \cdot \sum_i \mu_{i,f,l} \cdot \left(\sum_r q_{i,f,r,l} - q_{i,f}^{max}\right) \tag{12}$$

$$-\sum_l h_l \cdot \sum_r \omega_{r,r*,l} \left(nh_{r,r*,l} - \eta_{r,r*}\right)$$

Die Ableitungen der Lagrange-Funktion nach den Variablen q, μ, ω werden als Karush-Kuhn-Tucker-(KKT)-Bedingungen bezeichnet.

KKT- Bedingung für Zielfunktion
Für $q_{i,f,r,l}$:

$$0 \leq q_{i,f,r,l} \perp \sum_{r*}\left(\gamma_r \cdot p_{r,l} \cdot \left(1 - \lambda_{r*,r}\right) - c_{i,r*}^{gv}\right.$$

$$\left. -\omega_{r,r*,l} \cdot \left(1 - \lambda_{r*,r*}\right)\right) - \mu_{i,f,r} \leq 0 \tag{13}$$

KKT-Bedingung für Beschränkung der Erzeugungskapazitäten
Für $\mu_{i,f,l}$:

$$0 \leq \mu_{i,f,l} \perp \sum_r q_{i,f,r,l} - q_{i,f}^{max} \leq 0 \tag{14}$$

KKT-Bedingung für Beschränkung der Transferkapazitäten

Für $\omega_{r,r*,l}$:

$$0 \leq \omega_{r,r*,l} \perp nh_{r,r*,l} - \eta_{r,r*,l} \leq 0 \tag{15}$$

Die Gleichungen (13)-(15), sowie die Markträumungs- und Konsistenzgleichungen (8)-(11) sind Teil der Formulierung des STROMSOE-Modells als MCP. Dazu gehört, dass jeder Gleichung jeweils eine Variable zugeteilt wird, damit ein quadratisches System von Gleichungen und Variablen entsteht. Den KKT-Bedingungen (13)-(15) werden die Variablen zugewiesen, nach denen sie abgeleitet wurden. Die Gleichungen (8)-(11) und die fehlenden Variablen $nh_{r*,r}$ und $p_{r,l}, s_{f,r,l}, \vartheta_{f,r,l}$ werden einander so zugeordnet, dass die jeweiligen Indizes von Gleichungen und Variablen übereinstimmen (siehe auch STROMSOE-GAMS Modell in Anhang A).

8.4 STROMSOE Modellvariationen

8.4.1 Referenzfall

Um das STROMSOE-Modell zu initialisieren, ist es notwendig, dem Modell für bestimmte Variablen geeignete Anfangswerte vorzugeben, die von der Entwicklung des Systems unabhängig sind. Auf diese Weise wird dem Modell eine Geschichte oder auch Erinnerung mitgegeben, die Ausgangspunkt für die darauf aufbauende Simulation sind (Bossel 2004). Deshalb wird ein Referenzfall formuliert, der im Vergleich zum eigentlichen Modell einige Besonderheiten aufweist. In diesem REF-Fall werden für die Preise die Referenzpreise aus dem Jahr 2005 als Ausgangspunkt gesetzt (vgl. auch Bigano und Proost (2003) sowie Lise und Lindenhof (2004)). Ebenso wird die auf der CES-Nutzenfunktion basierende

Nachfragekomponente in der Markträumungsgleichung (8) durch die Referenznachfrage für das Jahr
2005 wie folgt ersetzt:

Referenzgleichung der Markträumung

$$\sum_f \sum_i (1 - \sum_{r*} \lambda_{r*,r}) \, q_{i,f,r,l} = d_{r,l}^0 + \sum_{r*} nh_{r,r*,l} \quad (16)$$

8.4.2 Beschreibung der Szenarien und der spiel-theoretischen Auswirkungen

Die beiden Szenarien zum vollkommenen Wettbewerb sowie zum Fall der Marktmacht sollen anhand
einer spieltheoretischen Modellierung dargestellt
werden. Die Spieltheorie ist eine Disziplin der Wirtschaftswissenschaften, die sich damit beschäftigt, wie
Entscheidungen einzelner Akteure (oder „Spieler")
voneinander abhängen, wenn diese unterschiedliche
Ziele verfolgen. Das Ergebnis einer Entscheidung
hängt damit nicht nur von der eigenen Entscheidung, sondern auch von den Entscheidungen der
anderen Akteure ab (Bester 2004). Ob eine Entscheidung effizient ist, wird anhand der so genannten sozialen Wohlfahrt bestimmt. Mittels dieses Kri-
teriums kann die Preisbildung auf den Märkten in
ihrer gesamten Auswirkung auf die Volkswirtschaft
gemessen werden. Dabei wird als soziale Wohlfahrt
die Summe von Konsumenten- und Produzentenrente bestimmt. Die Konsumentenrente ist die Differenz zwischen Zahlungsbereitschaft U und dem
tatsächlichen Preis p, während der Gewinn das Maß
für die Produzentenrente ist (Feess 1997).

In dem STROMSOE-Modell können sich die
Akteure auf zwei unterschiedliche Arten verhalten.
Im Falle des vollkommenen Wettbewerbs haben die
Akteure keine Marktmacht und können den Preis
nicht beeinflussen. Das Ergebnis der Preisbildung
sollte eine Annäherung von Preisen und Grenzkosten
zur Folge haben. Dieser Zusammenhang lässt sich
wie folgt theoretisch darstellen (in Anlehnung an
Bester (2004)):

Es wird ein Gütermarkt betrachtet, in dem Produzenten j=1,…,n die Güter x_j herstellen und die
Konsumenten i= 1,…,m die Güter x_i konsumieren.
Es soll gezeigt werden, wie über den Preis die Güter
effizient verteilt werden können. Dazu wird das Ziel
angenommen, dass die soziale Wohlfahrt optimiert
werden soll. Die soziale Wohlfahrt W soll wie folgt
als Differenz der Zahlungsbereitschaft U_i und der
Produktionskosten C_j definiert werden:

$$W \equiv \sum_i^m U_i(x_i) - \sum_j^n C_j(x_j) \quad (17)$$

Als Nebenbedingung wird vorausgesetzt, dass die gesamte Produktion auch konsumiert wird. Diese Annahme gilt insbesondere auch für das Gut „Strom",
da Strom nicht (oder nur sehr aufwändig) gespeichert werden kann:

$$\sum_i^m x_i = \sum_j^n x_j \quad (18)$$

Die effiziente Allokation des Gutes x kann durch
Maximieren der sozialen Wohlfahrt (17) unter der
Nebenbedingung (18) bestimmt werden. Dazu wird
eine so genannte Lagrange-Funktion aufgestellt:

$$L(x_i, x_j) = \sum_i^m U_i(x_i) - \sum_j^n C_j(x_j)$$
$$- \lambda \left(\sum_i^m x_i - \sum_j^n x_j \right) \quad (19)$$

Die Ableitungen der Lagrange-Funktion nach x_i
und x_j definieren die Bedingungen erster Ordnung
für eine effiziente Allokation von x:

$$\frac{\partial L(x_i, x_j)}{\partial(x_i)} = U'_i(x_i^*) - \lambda = 0 \quad (20)$$

$$\frac{\partial L(x_i, x_j)}{\partial(x_j)} = -C'_j(x_j^*) - \lambda = 0 \quad (21)$$

Bei dieser partiellen Wohlfahrtsanalyse wurde definiert, dass der Grenznutzen eines Gutes seinem Preis
p entspricht, demnach gilt: $U'_i(x_i^*) = p$. Daraus
und aus den Ableitungen (20) und (21) ergibt sich,
dass im Falle des vollkommenen Wettbewerbs gilt:

$$C'_j(x_j^*) = p \quad (22)$$

Dieser theoretische Zusammenhang wird im
STROMSOE-Modell mit der Definition der Zielfunktion übernommen, die Spieler betrachten den
Preis p als gegeben. Dieser Preis wird, wie Gleichung (12) beschreibt, im Wesentlichen von variablen Kosten, den Opportunitätskosten von Er-

zeugungs- und Transferkapazitäten bereinigt durch Zahlungsprobleme und Stromverluste bestimmt. In STROMSOE werden sieben verschiedene Märkte betrachtet, auf denen es zu freiem Wettbewerb kommen kann. Diese Märkte sind durch Handel miteinander verbunden, so dass eine Annäherung der Preise möglich ist.

Im Fall der Marktmacht können die Hauptakteure mit einem hohen Marktanteil den Strompreis dadurch verändern, dass sie ihr Stromangebot verknappen. In einem solchen Cournot- oder auch Mengenwettbewerb liegen die Preise über den Grenzkosten und die Mengen in der Regel unter denen des vollkommenen Wettbewerb-Falls (Hobbs und Helman 2004, Kemfert et al. 2003).

Auch dieser Fall soll zunächst theoretisch erklärt werden.

Die Spieler beim oligopolistischen Mengenwettbewerb („Cournot") berücksichtigen bei ihrer Entscheidung, wie sich ihr Güterangebot auf den Gleichgewichtspreis auswirkt.

Dieser Aspekt wird bei der Zielfunktion des einzelnen Unternehmens j deutlich, das seinen Gewinn maximiert:

$$\Pi_j\left(x_1,...,x_j,....,x_n\right) \equiv$$
$$P\left(\sum_{i=1}^{n} x_i\right) x_j - C_j\left(x_j\right) \tag{23}$$

Dabei bezeichnet $P\left(\sum_{i=1}^{n} x_i\right)$ die inverse Nachfragefunktion.

In welcher Größenordnung die Preise die Grenzkosten überschreiten und damit ein Indikator für die Marktmacht des Spielers sind, ist abhängig von den Marktanteilen, wie sich in folgendem Zusammenhang zeigt: Die Abweichung des Preises von Grenzkosten $\left(p - C_j'\left(x_j\right)\right)/p$ wird als Lerner-Index oder als Marktmachtaufschlag bezeichnet. Wenn eine konstante Nachfrageelastizität angenommen wird (wie in STROMSOE), dann kann im Falle des Cournot-Mengenwettbewerbs und des Markanteil s_j folgender Zusammenhang abgeleitet werden:

$$\frac{p - C_j'\left(x_j\right)}{p} = \frac{s_j}{\varepsilon} \tag{24}$$

Aufbauend auf diese theoretischen Überlegungen wurde im Modell die KKT-Bedingung der Zielfunktion (Gleichung (13)) wie folgt ergänzt:

$$0 \geq \sum_{r*}\left(\gamma_r \cdot \left(1 - \lambda_{r*,r}\right) \cdot p_{r,l}\left(1 - \frac{\vartheta_{f,r,l}}{\varepsilon_{r,l}} \cdot \xi_{f,l}\right)\right. \tag{25}$$
$$\left. - c_{i,r*}^{gv} - \omega_{r,r*,l} \cdot \left(1 - \lambda_{r*,r*}\right)\right) - \mu_{i,f,l}$$

Durch den Zusatz $\left(1 - \left(\vartheta_{f,r,l}/\varepsilon_{r,l}\right) \cdot \xi_{f,l}\right)$ wird der Zusammenhang zwischen Preis und Grenzkosten, d.h. der Marktmachtaufschlag ausgedrückt.

Wenn es zu freiem Wettbewerb kommt, dann wird der Parameter $\xi_{f,l} = 0$ gesetzt. Für den Fall des strategischen Verhaltens ist $\xi_{f,l} = 1$. In dem Sonderfall eines Monopols würde der Marktanteil $\vartheta_{f,r,l} = $ gesetzt, so dass hier der Lerner-Index $1/\varepsilon_{r,l}$ beträgt.

In STROMSOE wird zum einen angenommen, dass die größten drei Unternehmen im Strommarkt von Südosteuropa – NEK, Termoelectrica und EPS – mit ca. 65% Marktanteil (siehe Kapitel 7.1.2) in einem gemeinsamen Markt die Macht haben, sich strategisch im Sinne des Cournot-Modells zu verhalten (INTEG-Fall). Andererseits wird von nationalen Märkten ausgegangen, in denen die ehemaligen staatlichen Stromerzeuger noch annähernd Monopolmacht haben (MONO-Fall).

8.4.3 Variation der Marktanteile

Um die beiden Fälle INTEG und MONO zu unterscheiden, muss in STROMSOE die Marktanteilsgleichung variiert werden. Für den INTEG-Fall gilt Gleichung (11) aus dem Grundmodell.

Im MONO-Fall bezieht sich der Marktanteil eines Unternehmens nicht mehr auf den Gesamtmarkt Südosteuropa, sondern auf den jeweiligen nationalen Strommarkt. In den meisten Fällen (gilt auch für die Unternehmen in Bosnien-Herzegowina und Serbien) bedeutet dies eigentlich eine Monopolsituation.

$$\vartheta_{f,r,l} = \frac{\sum_{r^{**}}(1-\lambda_{r^{**},r}) \cdot \sum_{i} q_{i,f,r,l}}{\sum_{i}\sum_{g}\sum_{r^{*}}(1-\lambda_{r^{*},r}) \cdot q_{i,g,r^{*},l}} \qquad (26)$$

Für den Fall des Monopols ist das Cournot-Modell allerdings problematisch, da für den Strommarkt eine unelastische Nachfrageelastizität mit $\varepsilon_{r,l} < 1$ angenommen wird und das Cournot-Monopolmodell unter diesen Umständen nicht lösbar ist (siehe auch Cate und Lijesen 2004). Um dieses modellinhärente Problem zu lösen, wird in STROMSOE für jedes Land ein geringfügiger Anteil von Wasserkraftwerken geschätzt (siehe auch Kapitel 7.1.1).

Eine weitere Variation der Marktanteilsgleichung ist für den KOOP-Fall notwendig. Diejenigen Unternehmen, die aus den Ländern C kommen, die kooperieren, können gemeinsame Institutionen schaffen und somit bezieht sich der Marktanteil für diese Unternehmen auf den gesamten Markt aller C-Länder (Gleichung 27a). Dagegen bezieht sich der Marktanteil der Unternehmen aus denjenigen Ländern NC, die nicht kooperieren, auf ihren nationalen Strommarkt, wie im MONO-Fall (Gleichung 27b).

Dieses Vorgehen soll reflektieren, dass diejenigen Länder, die keine Institutionen für einen gemeinsamen Markt schaffen, auch nicht im gemeinsamen Markt mit den anderen Unternehmen konkurrieren.

$$\forall r \in C: \sum_{r^{**}}(1-\lambda_{r^{**},r}) \cdot \sum_{i} q_{i,f,r,l} = \qquad (27a)$$

$$\vartheta_{f,r,l} \cdot \sum_{i}\sum_{g}\sum_{r^{*}}(1-\lambda_{r^{*},r}) \cdot q_{i,g,r^{*},l}$$

$$\forall r \in NC: \sum_{r^{**}}(1-\lambda_{r^{**},r}) \cdot \sum_{i} q_{i,f,r,l} = \qquad (27b)$$

$$\vartheta_{f,r,l} \cdot \sum_{i}\sum_{g}\sum_{r^{*}}(1-\lambda_{r^{*},r}) \cdot q_{i,g,r,l}$$

8.4.4 Variation der Handelsbedingungen

Wenn über eine Strombörse gehandelt wird oder in einer anderen Marktform der Handel so transparent ist, dass für die betroffenen Marktteilnehmer die Preise vergleichbar sind, dann kann der Nettohandel zusätzlich über die Preisunterschiede zwischen zwei Ländern definiert werden. Für die Fälle COMP und

INTEG werden Preisunterschiede in Gleichung (10) berücksichtigt, so dass sich daraus für den Nettohandel in einem gemeinsamen Markt Gleichung (28) ergibt.

In den KOOP-Szenarien wird der Nettohandel je nach Kooperationsbereitschaft definiert. Ländern, die kooperieren, wird die Gleichung (28) zugewiesen, während dagegen die nicht-kooperierenden Länder über Gleichung (10) definiert werden.

$$nh_{r^{*},r,l} = \qquad (28)$$

$$exq_{r} \cdot \sum_{f \in F_{r^{*}}}(1-\lambda_{r^{*},r^{*}}) \cdot q_{i,f,r,l} \cdot \left(\frac{p_{r}}{p_{r^{*}}}\right)$$

$$-imq_{r} \cdot \sum_{g \in F_{r}}(1-\lambda_{r,r}) \cdot q_{i,f,r^{*},l} \cdot \left(\frac{p_{r^{*}}}{p_{r}}\right)$$

8.4.5 Variation der Kooperationsszenarien

Für die zwei Gruppen von Kooperationsszenarien KOOP_S, 1-4 und KOOP_C, 1-4 wird die Marktanteils- sowie die Nettohandelsgleichung, wie zuvor beschrieben, für jeweils vier verschiedene Kombinationen von (nicht-)kooperierenden Ländern variiert.

Dazu kommt noch die Veränderung der Zuordnung einzelner Länder zum „fringe", d.h. zu denjenigen Unternehmen, die sich am Rand des Marktes nicht strategisch, sondern als Preisnehmer verhalten. In der Gruppe der KOOP_S-Szenarien wird angenommen, dass sich unter den kooperierenden Ländern auch einige strategisch verhalten und ihre Marktmacht ausnutzen. In den KOOP_C-Szenarien besteht dagegen in den kooperierenden Ländern freier Wettbewerb, so dass in diesem Fall alle betroffenen Länder zum „fringe" gehören.

8.5 Bestimmung der Wohlfahrtsverluste

Die Auswirkungen der Simulation auf Preise und Mengen sollen schließlich anhand des Indikators der Wohlfahrtsverluste bewertet werden, die schon in Gleichung (17) als Differenz der Zahlungsbereitschaft U_i und der Produktionskosten C_j definiert wurde und sich aus der Betrachtung der Konsumenten- bzw. Produzentenrente ergibt. Auf diese Weise lassen sich z.B. der positive Effekt einer Preissteigerung für den Produzenten und der daraus folgende

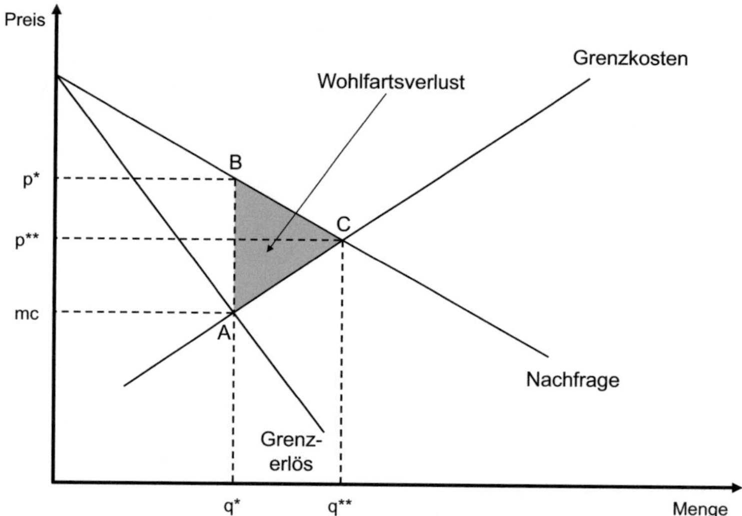

Quelle: Aberle 1992, verändert

Abbildung 13: Herleitung des Wohlfahrtsverlustes im Falle eines Monopols

negative Preiseffekt für den Konsumenten unter Berücksichtigung der Mengenänderung einander gegenüber stellen. Allerdings wird dieses Konzept auch kritisch betrachtet, da insbesondere die konsistenten aggregierten Konsumentenrenten nur unter vereinfachten Bedingungen ermittelt werden können (Feess 1997).

Anhand folgender Abbildung 13 lässt sich der Wohlfahrtsverlust und seine Darstellung im STROMSOE anschaulich erläutern (Bester 2004):

Am Schnittpunkt von Nachfrage und Grenzkosten (bzw. Angebotsfunktion) ergibt sich im Gleichgewicht eines Marktes die Menge q** und p**. Ein Monopolist hat aber eine Grenzerlösfunktion, die unterhalb der Nachfragefunktion liegt. Aufgrund seiner Marktmacht kann er eine niedrigere Menge q* zu einem höheren Preis p* anbieten. Der Verlust, der dadurch für die Volkswirtschaft entsteht, wird durch das Dreieck ABC beschrieben, das wie folgt in Gleichung (29) dargestellt werden kann:

$$\text{wvl} = \left[\frac{\left(p^* - mc \right) \cdot \left(q^{**} - q^* \right)}{2} \right] \qquad (29)$$

Daraus ergibt sich folgende Gleichung (30) für die Bestimmung der Wohlfahrtsverluste im STROMSOE-Modell. Diese beschreiben die Kosten eines Modellszenarios für die gesamte Region im Vergleich zum Szenario des vollkommenen Wettbewerbs.

$$\text{wvl}^{\text{STROMSOE}} = \qquad (30)$$
$$\sum_{f,r,l} \left[\frac{h_l \cdot \left(p_{rl} - mc_{r,l}^{av} \right) \cdot \left(s_{f,r,l}^{comp} - s_{f,r,l} \right)}{2} \right]$$

8.6 Übertragung und Lösung des Modells in GAMS

Die Lösung des Gleichungssystems erfolgt unter Verwendung der Modellierungssprache GAMS (General Algebraic Modeling System). Derartige Sprachen können quadratische nichtlineare Gleichungssysteme mit großen Datenmengen lösen (Ferris und Munson 1998).

GAMS prüft die Bedingungen, die an die Zielfunktion und die Nebenbedingungen in einem Mixed Complementarity Problem gestellt wurden und löst nur im positiven Falle das Gleichungssystem (Rosenthal 2008).

Der „Path Solver" hilft bei der Lösung unter Anwendung des so genannten „Newton Verfahrens", einem Standardverfahren zur numerischen Lösung von nichtlinearen Gleichungen und Gleichungssystemen.

Mittels eines iterativen Verfahrens lässt sich dadurch eine Lösung für das nicht-lineare Gleichungssystem finden. Das Verfahren funktioniert umso besser, je näher sich der Ausgangspunkt der Iteration an der tatsächlichen Lösung befindet. Für die Anwendung im Modell bedeutet das, dass die Ausgangsdaten im Referenzmodell möglichst sinnvoll sein sollten (GAMS 2008).

Die Ergebnisse der Simulation und Lösung des zuvor beschriebenen Modells STROMSOE in GAMS werden im nächsten Kapitel beschrieben.

9 Simulationsergebnisse

In diesem Kapitel werden die Ergebnisse der Simulation der STROMSOE-Variablen für verschiedene Szenarien interpretiert. Um die Güte des Modells zu testen, wird im Anschluss noch eine Sensitivitätsanalyse durchgeführt.

9.1 Modellergebnisse

Die Modellergebnisse werden für die Variablen Strompreise, angebotene Strommengen und die daraus resultierenden Wohlfahrtsverluste vorgestellt. Die Ergebnisse werden nicht nur im Durchschnitt interpretiert, sondern auch in der Unterscheidung von Grund- und Spitzenbelastung sowie für verschiedene Technologien. Das STROMSOE-Modell wurde anhand des Referenzfalls auf die Bedingungen des Basisjahres kalibriert, um Ausgangswerte für die folgenden Szenarien zu schaffen.

9.1.1 Preisbetrachtung

Durchschnittliche Preise
Zunächst werden die grundlegenden Ergebnisse für den COMP-, den INTEG- und den MONO-Fall beschrieben. Dabei werden die durchschnittlichen Preise, die produzierten und die gehandelten Mengen sowie die Wohlfahrtsverluste betrachtet. Es wird noch keine Unterscheidung in Grund- und Spitzenlastzeiten vorgenommen.

Im Gegensatz zum Referenzfall wird in den anderen Modellfällen angenommen, dass sich die Preise je nach Wettbewerbssituation frei bilden. Der COMP-Fall ist ein theoretischer Fall, da in den meisten Ländern zum Untersuchungszeitpunkt eigentlich noch Monopole bestehen und es auf den nationalen Märkten so gut wie keine Konkurrenz gibt. Diese Konkurrenz wird hier im Modell nur angenommen, in dem sich der Preis pro Land aufgrund von Angebot und Nachfrage bildet und von keinem Marktteilnehmer beeinflusst werden kann.

Im freien Wettbewerb approximieren modelltheoretisch die Preise die Grenzkosten und sie steigen zusätzlich, je mehr Stromverluste und je mehr Zahlunsprobleme es in einem Land gibt, da dies durch vermehrte Produktion ausgeglichen werden muss. Dadurch ergibt sich eine Annäherung an die Kapazitätsgrenze, was wiederum zu höheren Preisen führt.

Die Simulation im COMP-Fall (siehe Tabelle 34) zeigt, dass die Preise in den meisten Ländern teilweise erheblich steigen, mit Ausnahme von Kroatien und Rumänien, die nach vorliegenden Daten schon kostendeckend produzierten und deren Preise sogar um 20% bzw. 40% sinken würden. In Albanien steigen die Preise am höchsten (um 180%), was mit dem ungünstigen Preis/Kostenverhältnis und den hohen Transmissionsverlusten sowie erheblichen Zahlungsproblemen erklärt werden kann. „Moderatere" Preissteigerungen mit ca. 20%-55% haben auch Bosnien-Herzegowina, Mazedonien und Serbien zu verzeichnen, während sich in Bulgarien die Preise in etwa auf dem derzeitigen Preisniveau befinden. Der mittels der angebotenen Mengen gewichtete Preisdurchschnitt für ganz Südosteuropa liegt im COMP-Fall unter dem Referenzniveau, da bei den

Tabelle 34: STROMSOE-Modellergebnisse: Preise in Euro/MWh

Land	Referenzpreise	COMP	INTEG	MONO
Albanien	45	128	136	182
BiH	59	73	76	156
Bulgarien	39	42	92	144
Kroatien	75	58	58	169
Mazedonien	37	58	59	304
Rumänien	76	44	49	151
Serbien	41	56	81	112
Südosteuropa (durchschnittl.)	56	48	69	144
Wohlfahrtsverlust in Mill. Euro	-	0	508	2.644

großen Erzeugerländern Kroatien und Rumänien die Preise niedriger sind.

Falls kein vollkommener Wettbewerb vorliegt, besteht die Möglichkeit, dass Unternehmen mit Marktmacht sich strategisch verhalten und die Mengen und darüber die Preise beeinflussen können. In dem INTEG-Fall wird angenommen, dass innerhalb eines integrierten Strommarktes in Südosteuropa NEK aus Bulgarien, Termoelectrica aus Rumänien und EPS aus Serbien Marktmacht

Um die Modellprobleme mit unelastischer Nachfrage (siehe Kapitel 8.4.3) zu lösen, wurde im Folgenden für jedes Land ein „fringe" mit Wasserkrafterzeugern angenommen. Auch unter diesen Voraussetzungen liegen die „Monopolpreise" auf einem Niveau, das die COMP-Preise um ein Mehrfaches übersteigt. Im Durchschnitt sind die Preise um 200% höher. Die Situation des MONO-Falles führt zu einem Wohlfahrtsverlust von ca. 2,5 Mrd. Euro im Vergleich zu einem Wohlfahrtsverlust von ca. 500 Mill. Euro im Fall des INTEG-Szenarios.

Tabelle 35:Preisgrenze zur Definition von Stromarmut

Land	Monatliches Durchschnittseinkommen in Euro	Durchschnittlicher Stromverbrauch in kWh	Preisgrenze zur Definition von Stromarmut in Euro/ MWh
Albanien	139	298	46
BiH	231	284	81
Bulgarien	139	195	71
Kroatien	535	260	205
Mazedonien	178	410	43
Rumänien	133	81	164
Serbien	180	400	45

Quelle: EBRD 2003, eigene Berechnungen

ausüben können, da sie an einem Gesamtmarkt zusammen über 60% Marktanteil haben. Dabei zeigt sich, dass aufgrund der Marktmacht die Preise in Bulgarien, Rumänien und Serbien z.T. erheblich steigen, da sie in der Lage sind, die Stromproduktionsmengen und damit die Preise zu beeinflussen.

In einem weiteren Fall (MONO) wird angenommen, dass die relevanten Märkte in Südosteuropa die nationalen Märkte sind und dass es erst einmal nicht zu erweiterten Handelsaktivitäten kommt. Da in den meisten Ländern noch die Staatsunternehmen fast die einzigen Stromerzeugungsunternehmen sind, müsste eigentlich angenommen werden, dass für den Fall nationaler Märkte in allen Märkten ein Monopol vorherrscht. Das würde auch für Bosnien-Herzogowina und Serbien gelten, da dort die Stromerzeugungsunternehmen der einzelnen „Teilrepubliken" ebenfalls Monopole darstellen, was allerdings im Modell nicht abgebildet wird. Die drei Unternehmen des ehemaligen staatlichen rumänischen Stromversorgers können theoretisch miteinander in Wettbewerb treten.

Die Ergebnisse der Preisbetrachtung in STROM-SOE sollen vor dem Hintergrund der Durchschnittseinkommen bewertet werden. In einer Studie der EBRD (2003) wurde die Gefahr der „Stromarmut" von Haushalten in Südosteuropa untersucht und angenommen, dass diese dann gegeben ist, wenn die Haushalte ca. 10% des monatlichen Einkommens für Strom ausgeben müssen (siehe Tabelle 35).

Aufgrund der niedrigen Durchschnittseinkommen in Südosteuropa und steigenden Strompreisen ist der Tatbestand der „Stromarmut" schon bei freiem Wettbewerb v.a. für Albanien gegeben. Im Falle von Bosnien-Herzegowina, Mazedonien und Serbien sind COMP-Strompreise an der „Stromarmutsgrenze", so dass eine völlige Freigabe der Preise in der angestrebten liberalisierten Energy Community fragwürdig ist.

Auch wenn es in jedem Land besonders für arme Verbraucher unterschiedliche Formen von Subventionen gibt, werden angesichts der niedrigen Durchschnittseinkommen auch Durchschnittsverdiener von „freien" Strompreisen überfordert sein.

Tabelle 36: STROMSOE-Modellergebnisse: Grund- und Spitzenlastpreise

Land	Grundlastpreise in Euro/MWh			Spitzenlastpreise in Euro/MWh		
	COMP	INTEG	MONO	COMP	INTEG	MONO
Albanien	45	58	137	164	165	193
BiH	32	44	141	117	120	180
Bulgarien	26	74	140	77	124	151
Kroatien	24	24	151	117	118	194
Mazedonien	34	36	367	94	94	222
Rumänien	29	31	151	86	99	150
Serbien	26	50	85	25	49	141

Grund- und Spitzenlastpreise

Im Folgenden werden nun die Ergebnisse nach Grund- und Spitzenlastzeiten unterschieden (siehe Tabelle 36). Diese Betrachtung ist für die Identifikation von Kapazitätsgrenzen bei unterschiedlichen Belastungen des Stromnetzes wichtig. Diese müssen allerdings vorsichtig betrachtet werden, da die entsprechenden Referenzparameter zu Preisen und Nachfrage nur sehr grob geschätzt wurden (siehe Kapitel 7.2 und 7.3).

Die Grundlastpreise liegen für Albanien, BiH und Serbien im INTEG-Fall wesentlich über den COMP-Preisen, was ein Hinweis auf beschränkte Grundlastkapazitäten ist. Die Variation der Grundlastpreise im MONO-Fall ist für Mazedonien besonders stark. Dies kann ein Hinweis darauf sein, dass die Produktionskapazitäten auch hier in der Grundlast beschränkt sind.

Der Vergleich der Spitzenlastpreise zwischen COMP- und INTEG-Szenario zeigt, dass hier die Länder Albanien, BiH und Kroatien ähnlich hohe Preise aufweisen und somit nicht über ausreichende Erzeugungskapazitäten verfügen.

9.1.2 Mengenbetrachtung

Die produzierten und angebotenen Mengen, die anhand des Simulationsmodells für die verschiedenen Fälle berechnet werden, können aber nicht mit der Referenznachfrage aus dem Jahr 2005 verglichen werden, da diese aufgrund der regulierten Märkte nicht das Ergebnis einer Markträumung von Angebot und Nachfrage war.

Im Vergleich zwischen dem Fall des freien Wettbewerbs und dem Fall der Marktmacht im INTEG-Fall passen die Marktmachtunternehmen aus Bulgarien, Rumänien und Serbien ihre angebotenen Strommengen nach unten an, um höhere Preise durchzusetzen (siehe Tabelle 37 und Tabelle 42, Anhang B).

Auch auf die anderen Unternehmen aus Albanien, Kroatien und Mazedonien wirken sich die leicht höheren Preise auf niedrigere Mengen aus. Dagegen haben die höheren Preise in Bosnien-Herzegowina auch leicht erhöhte angebotene Mengen zur Folge. Diese Entwicklung lässt sich damit erklären, dass in diesem Land teurer gewordene Importe durch eigene Produktion ersetzt wird, was sich in der Position des Nettohandels ablesen lässt, die im INTEG-Fall im Gegensatz zum COMP-Fall einen Exportüberschuss

Tabelle 37: STROMSOE-Modellergebnisse: Stromangebot in TWh

Land	COMP	INTEG	MONO
Albanien	2,8	2,6	1,8
BiH	6,6	7,6	7,2
Bulgarien	44,6	29,2	24,1
Kroatien	10,1	10,0	8,6
Mazedonien	5,1	5,1	3,6
Rumänien	54,2	53,0	36,2
Serbien	27,4	25,3	20,4

ausweist (Tabelle 43, Anhang B). Aufgrund des hohen Preisniveaus ergibt sich im MONO-Fall ein weiter reduziertes Stromangebot in allen Ländern. Es ist fraglich, ob die angebotenen Mengen in diesem Szenario die Stromnachfrage, die für eine angemessene

Im STROMSOE-Modell wurden zudem unterschiedliche Erzeugungstechnologien berücksichtigt. Es zeigt sich, dass bei niedrigem Belastungsgrad im INTEG und MONO-Fall besonders Nukleartechnologien sowie die Kohle- und Lignitkraftwerke als

Tabelle 38: STROMSOE-Modellergebnisse: Technologieausnutzung in %

	COMP	INTEG	MONO
Wasserkraft_base	76,9	79,9	54,5
Wasserkraft_peak	100,0	100,0	97,0
Kernkraft_base	61,6	6,3	18,0
Kernkraft_peak	100,0	100,0	100,0
Lignit_base	-	-	13,0
Lignit_peak	69,7	55,2	69,8
Kohle_base	-	-	1,7
Kohle_peak	55,4	40,2	14,9
Gas/Öl_base	0,3	0,3	0,3
Gas/Öl_peak	2,4	2,4	2,5

soziale und wirtschaftliche Entwicklung notwendig ist, ausreichend erfüllen können. Auch deshalb ist eine weitere Subventionierung der Preise und staatliche Kontrolle der Strommärkte notwendig, damit die Stromversorgung in Südosteuropa gesichert ist.

An den Schattenpreisen für Produktions- bzw. Transferkapazitäten lässt sich ablesen, inwiefern die Nebenbedingungen des Modells sich tatsächlich beschränkend auf die Strommärkte auswirken (Tabelle 44, Anhang B). Dabei wird deutlich, dass die Kapazitäten der Produktion in allen Fällen beschränkend wirken. Dagegen stellen in dem Modell die grenzüberschreitenden Transferkapazitäten nur für Serbien ein Problem dar. Das ist insofern von Bedeutung, als dass Serbien das zentrale Land in der Energy Community ist, durch das der Großteil des gehandelten Stromes hindurchgeleitet werden muss.

Grundlastkraftwerke zurückgefahren werden (siehe Tabelle 38).

9.1.3 Betrachtung der Kooperationsprobleme

Als Abschluss der Modellergebnisse sollen die Ergebnisse der vier Kooperationsszenarien dargestellt werden (siehe Tabelle 39). Dabei wird als erstes in der Szenariengruppe KOOP_S angenommen, dass es innerhalb der Länder, die zusammenarbeiten, zu strategischem Verhalten der marktbeherrschenden Unternehmen kommt.

In dem ersten Szenario (KOOP_S1) kooperiert Serbien nicht, so dass kein gemeinsamer Markt entsteht mit Ausnahme von Rumänien und Bulgarien. Das bedeutet, alle Länder außer den beiden EU-Ländern Rumänien und Bulgarien werden wieder ein Mono-

Tabelle 39: STROMSOE-Modellergebnisse: Durchschnittspreise der Kooperationsszenarien aus KOOP_S in Euro/MWh

Land	KOOP_S1	KOOP_S2	KOOP_S3	KOOP_S4
Albanien	174	125	127	187
BiH	146	198	68	77
Bulgarien	84	88	87	92
Kroatien	161	226	168	58
Mazedonien	266	53	53	58
Rumänien	42	45	45	48
Serbien	120	69	65	81

Tabelle 40: STROMSOE-Modellergebnisse: Wohlfahrtsverluste der Szenariengruppen KOOP_S und KOOP_C in Mill. Euro

Land	KOOP_S-Gruppe unter Annahme strategischen Verhaltens	KOOP_C-Gruppe unter Annahme freien Wettbewerbs
KOOP 1	1.017	740
KOOP 2	930	147
KOOP 3	728	257
KOOP 4	566	18

pol aufweisen mit den Preisen aus dem MONO-Fall. Rumänien und Bulgarien erzielen in etwa Preise zwischen dem REF- und dem COMP-Fall.

Das KOOP_S2 –Szenario beschreibt den Fall, dass BiH nicht kooperiert und damit das angrenzende periphere Kroatien isolieren würde. Als Ergebnis sind die Preise zwar wesentlich höher als das COMP Szenario, aber deutlich niedriger als das MONO-Seznario mit Ausnahme von Kroatien und BiH, die ja isoliert wurden. Ohne diese beiden Länder in einem angenommenen integrierten Strommarkt wären die Preise für alle anderen kooperierenden Länder höher.

Dass nur Kroatien allein nicht kooperiert, stellt das KOOP_S3 Szenario dar. Bis auf die wesentlich niedrigeren Preise für BiH verändern sich die anderen Preise nur zu einem geringen Umfang.

Bei dem vierten Szenario KOOP_S4 wird mit Albanien ein Land genommen, das klein ist und peripher liegt. Die Ergebnisse für den Fall der Nicht-Kooperation Albaniens zeigen auch hier, dass das Preisniveau zurückgeht.

Abschließend sollen noch die Ergebnisse der KOOP_C-Fälle, in denen innerhalb der kooperierenden Länder ein freier Wettbewerb entsteht, mit den Ergebnissen der KOOP_S-Gruppe verglichen werden. Es zeigt sich bei der Gegenüberstellung der Wohlfahrtsverluste beider Szenariengruppen, dass es bei Nicht-Kooperation unter der Annahme freien Wettbewerbs zu deutlich geringeren volkswirtschaftlichen Kosten kommt, als wenn sowohl Integration als auch Liberalisierung nicht vollständig realisiert sind (siehe Tabelle 40). Trotzdem sind die Kosten für die Region z.B. für den Fall eines Landes, das nicht kooperiert und zentral liegt, wie Serbien, in KOOP_C1 erheblich.

Es konnte somit anhand des Modells gezeigt werden, dass Kooperationen oder Nichtkooperationen von Institutionen auf den Strommärkten z.T. erhebliche Auswirkungen auf die Länder Südosteuropas haben. Aus dem Vergleich der Wohlfahrtsverluste lässt sich schließen, dass – je größer das nicht-kooperierende Land ist und je zentraler es sich im Übertragungsnetz befindet – das Preisniveau der Unternehmen und die volkswirtschaftlichen Kosten im gesamten Markt Südosteuropa umso niedriger sind. Dies gilt insbesondere dann, wenn innerhalb der kooperierenden Länder freier Wettbewerb herrscht.

9.2 Sensitivitätsanalyse

In der Sensitivitätsanalyse werden einige wichtige Parameter verändert und die Auswirkung dieser Veränderung auf die Variablen analysiert. Auf diese Weise lässt sich prüfen, ob das Modell belastbare Ergebnisse produziert. In Tabelle 41 werden die Auswirkungen der Sensitivitätsanalyse auf die Strompreise zusammengefasst.

Zu den wichtigen Parametern für diese Analyse zählen die Stromverluste, die Nachfrageelastizität, und die marginalen Kosten, v.a. da diese recht grob geschätzt sind und die „wahren" Werte u.U. erheblich von diesen Schätzungen abweichen. Eine Veränderung dieser Werte sollte deshalb keinen überproportionalen Einfluss auf die Ergebnisse haben. Außerdem sollen die Kapazitätsparameter, sowohl für die Produktion als auch für die Übertragung von Strom, betrachtet werden.

Die Preiselastizität der Nachfrage ist ein für die Untersuchung äußerst kritischer Parameter. Wie schon für den Monopolfall diskutiert, führt erst eine Elastizität von 1 oder höher dazu, dass für das Modell in diesem Szenario eine Lösung gefunden werden kann. Deshalb wurde in der Simulation für jedes Land ein kleiner „fringe" eingeführt, um diese Situation für die angenommene unelastische Nachfrage in der Untersuchungsregion abzuschwächen. Unter

Tabelle 41: STROMSOE-Modellergebnisse: Auswirkungen der Sensitivitätsanalyse auf Durchschnittspreise in Euro/MWh

	COMP	INTEG	MONO
Ohne Veränderung	50	69	149
Elastizitäten +20%	50	65	124
Elastizitäten -20%	50	75	442
Stromverluste +20%	54	74	164
Stromverluste -20%	47	64	136
Grenzkosten +20%	60	82	179
Grenzkosten -20%	40	55	119
Übertragungskapazitäten +20%	50	69	149
Übertragungskapazitäten -20%	50	68	149
Produktionskapazitäten +20%	43	54	133
Produktionskapazitäten -20%	89	109	193

diesen Umständen führt eine Veränderung der Elastizität zu den erwarteten Ergebnissen einer leichten Erhöhung der Preise bei einer geringeren Elastizität (-20%), sowie einem Rückgang der Preise bei einer entsprechenden Erhöhung der Ausgangsparameter. Für den MONO-Fall führt allerdings eine 20%ige Reduzierung der Elastizität zu einer Verdreifachung der Durchschnittspreise, was darauf hin deutet, dass für diesen Parameter die Stabilität des Modells kritisiert werden kann.

Die Betrachtung der Transportverluste wurde im Rahmen der Sensitivitätsanalyse um +/-20% verändert, um die Auswirkungen der Änderungen auf die Modellvariablen zu beobachten. Es zeigt sich, dass sich bei einer Änderung von +20% die Preise leicht erhöhen, während bei einer Änderung von -20% die Preise sinken, was auf ein robustes und sinnvolles Verhalten hindeutet, da bei höheren Transportverlusten höhere Preise erforderlich sind, um den Verlust auszugleichen.

Ein ähnliches Ergebnis wird für die Veränderung des Kostenniveaus von +/-20% erzielt. Eine 20%ige Erhöhung der Kosten führt sinnvollerweise zu einer Erhöhung der Preise, außerdem hat eine 20%ige Senkung der Kosten einen negativen Effekt auf die Preise.

Bei der Veränderung der Übertragungskapazität gibt es bei einer Erweiterung, wie auch bei der Reduzierung der Kapazitäten um 20% kaum erkennbare Veränderungen, was bedeutet, dass derzeit die Netzkapazitäten keine relevanten Beschränkungen darstellen.

Bezüglich der Produktionskapazitäten zeigt sich dagegen bei der Sensitivitätsanalyse, dass es bei einer Veränderung der Kapazitäten zu erwarteten Preis- bzw. Mengenänderungen kommt, die darauf schließen lassen, dass Produktionskapazitäten auf den Strommärkten erheblich beschränkt sind.

In der Zusammenfassung der Sensitivitätsanalyse lässt sich folgern, dass das Modell in den meisten Parametern robust auf Veränderungen reagiert. Ausnahme dabei ist der Parameter der Preiselastizitäten, wie auch im Rahmen der Modellergebnisse diskutiert worden ist.

9.3 Zusammenfassung der Simulationsergebnisse

Das quantitative Modell STROMSOE hat in der vorliegenden Arbeit die Fälle von unterschiedlichen Wettbewerbsformen sowie von verschiedenen Kooperationsszenarien für die Länder Südosteuropas untersucht.

Schon im COMP-Fall des freien Wettbewerbs zeigt sich, dass die Preise für einige Länder im Vergleich zu den Referenzpreisen z.T. auf einem viel höheren Niveau liegen.

Strategisches Verhalten hat sowohl für den MONO-Fall der einzelnen Länder als auch für den INTEG-Fall eines integrierten Marktes eine erhebliche Auswirkung auf das Preisniveau. Im Vergleich mit den Durchschnittseinkommen muss deshalb von einer erheblichen Belastung von einkommensschwachen Schichten ausgegangen werden, falls die Preise nicht mehr reguliert werden würden.

Auf der anderen Seite führen die Fälle des eingeschränkten Wettbewerbs zu einer derart hohen Reduzierung der angebotenen Mengen, dass die ausreichende Versorgung mit Strom, die für eine wirtschaftliche und soziale Entwicklung notwendig ist, als äußerst gefährdet erscheint.

Außerdem wird anhand der Modellergebnisse deutlich, dass es in den Fällen, in denen Kooperationsprobleme angenommen werden, es zu gleichen oder höheren Wohlfahrtsverlusten kommen würde, als in einem gemeinsamen Markt, in denen die größten Marktteilnehmer ihre Marktmacht ausüben.

Abschließend wird betont, dass alle zuvor interpretierten numerischen Simulationsergebnisse von STROMSOE lediglich indikativ die Entwicklungen und Probleme auf den Strommärkten Südosteuropas beschreiben können. Aufgrund der in Kapitel 2.1 beschriebenen grundsätzlichen Schwierigkeiten von sozialwissenschaftlichen quantitativen Modellen sind die numerischen Ergebnisse nicht als Prognose möglicher Auswirkungen von Liberalisierung und Integration zu verstehen.

10 Diskussion der Ergebnisse

10.1 Inhaltliche Diskussion

Die Bedingungen der Liberalisierung und der Integration auf dem Strommarkt Südosteuropas führen zu einer Situation, die man als Dilemma bezeichnen kann. Die Ausgangssituation in Südosteuropa ist gekennzeichnet durch einerseits (im EU-Vergleich) hohe Produktionskosten und andererseits sehr niedrige Durchschnittseinkommen.

Unter diesen Umständen ist jede politische Reform, die steigende Preise zum Ziel hat, kritisch zu bewerten. Selbst der optimale Wettbewerbsfall im Strommarkt Südosteuropas führt zu einem sozial kritischen Preisniveau, wenn man annimmt, dass eine „Stromarmut" eintritt, sobald die Kosten für den Strom mehr als 10% der Nettolöhne betragen (EBRD 2003). Im Monopolfall zeigte sich, dass es aufgrund niedriger Elastizitäten, hoher Kosten und aufgrund von Transportverlusten zu unrealistisch hohen Preisen kommt, die das Nettoeinkommen übersteigen würden.

Wenn die Preise zu hoch sind, werden sie in der Region einfach nicht bezahlt. Die Frage besteht deshalb, ob eine Reform, insbesondere eine freie Preisbildung auf dem Strommarkt in Südosteuropa, überhaupt sinnvoll ist, da ein freier Markt (intern und extern) noch nicht tragbar ist. Ein Teil der Konsumenten wird zwar weiterhin von regulierten Preisen „geschützt" sein (EBRD 2003). Allerdings darf das Preisniveau zwischen regulierten und nicht-regulierten Märkten nicht zu stark voneinander abweichen, da es sonst zu keiner freien Marktentwicklung kommen kann.

Daraus folgt, dass ein langfristiger Zeitraum notwendig ist, um das Kostenniveau z.B. durch den Einsatz neuer Kraftwerks- und Netztechnologie zu senken und im Verlauf eines angenommenen wirtschaftlichen Wachstums einen Anstieg des monatlichen Durchschnittseinkommens abzuwarten.

Das Dilemma besteht nun darin, dass mit dem jetzigen Marktmodell und den regulierten, deutlich zu niedrigen Preisen zu wenige Investitionsgelder für die Erneuerung des Kraftwerksparks und der Netze vorhanden sind und die Kosten auf dem Strommarkt weiterhin auf einem hohen Niveau bleiben werden. Teil dieses Problems ist, dass die Institutionen der einzelnen Länder miteinander kooperieren müssen, um gemeinsam effiziente Investitionen zu planen und umzusetzen, damit die Infrastruktur auf dem Strommarkt in Südosteuropa funktionsfähig bleibt.

Außerdem ist Kooperation notwendig, damit die Länder von einem integrierten Markt profitieren können. Die Simulationsergebnisse des quantitativen Modells machen deutlich, dass sich die Nichtkooperation einzelner Länder bei der Harmonisierung der Institutionen für einen gemeinsamen Markt negativ auf die Preisentwicklung auswirkt, sofern diese nicht mehr reguliert wird. Wie sich in der Arbeit gezeigt hat, sind die Voraussetzungen für eine Kooperation innerhalb Südosteuropas jedoch sehr ungünstig. Es ist noch nicht abzusehen, ob der externe Druck von der EU und anderen internationalen Institutionen nicht eher kontraproduktiv ist und dazu führt, dass die Länder versuchen, die Implementierung der Reformen nur „vorzutäuschen", um z.B. die EU-Beitrittsperspektiven zu erhalten.

Es besteht schließlich die Frage, ob es für die Länder Südosteuropas sinnvoll ist, ein EU-Reformmodell zu übernehmen, das von anderen Voraussetzungen auf dem Strommarkt ausgeht. Die Arbeit hat gezeigt, dass die weitere Forcierung des EU-Modells unter den gegebenen Umständen eher zu einer Verschärfung der Lage auf den Strommärkten führen würde, da trotz der Schaffung der rechtlichen Grundlagen zumindest für einen liberalisierten Strommarkt die praktische Umsetzung bisher nicht den EU-Vorstellungen entspricht. So gibt es beispielsweise Regulierungsbehörden, die aber faktisch nicht unabhängig sind, und ein Großteil der Märkte ist theoretisch geöffnet, aber die Konsumenten wechseln nicht den Anbieter, da sie dann höhere nicht-regulierte Preise zahlen müssten.

Die vorgelegte Arbeit zeigt deshalb, dass das EU-Reformmodell eher an die Voraussetzungen in den Ländern angepasst werden sollte, damit nicht ein nur partiell umgesetztes EU-Modell zu erheblichen wirtschaftlichen und sozialen Problemen führt. Das bedeutet, dass z.B. die Umsetzung einer vollständigen Marktöffnung nicht weiter verfolgt werden müsste oder dass die Einrichtung einer Strombörse mit einem institutionalisierten Ausgleichsmarkt u.U. für einige Länder keine sinnvolle Lösung ist.

Damit erweist sich, dass die Anwendung eines derartigen quantitativen Modells auf Probleme hinweist, die durch die Anpassung an kulturelle und institutionelle Gegebenheiten sowie durch den Einsatz begleitender politischer, ökonomischer und sozialer Instrumente vermindert werden können. Das Modell quantifiziert die Auswirkungen unterschiedlicher Szenarien und verdeutlicht daher besser die entstehenden Dilemmata, als dies die qualitative Darstellung tun kann.

10.2   Methodische Diskussion

Abschließend soll diskutiert werden, wie die in der vorliegenden Arbeit eingesetzten Methoden zu bewerten sind. Zunächst wurde ein qualitatives Modell aus einer einfachen Akteursanalyse heraus erarbeitet, um das Forschungsproblem zu strukturieren und insbesondere neue, in quantitativen Simulationsmodellen in dieser Form bisher nicht betrachtete Themen in den Forschungsprozess einzuordnen.

Ein qualitatives Modell hat den Vorteil, dass es eine Problematik übersichtlich und anschaulich darstellen kann und sich somit dazu eignet, zu Beginn der Analyse das Forschungsproblem zu strukturieren. Wie sich im qualitativen Modell 2b gezeigt hat, konnten erste Ergebnisse aus dem qualitativen Ansatz, insbesondere die Wichtigkeit der funktionierenden Kooperation zwischen den einzelnen Institutionen, abgeleitet werden.

Allerdings konnten die Größenordnungen der Auswirkungen der Energy Community damit nicht abgeschätzt werden und auch nicht die Fragestellung, wie sich die Ergebnisse ändern, wenn sich eine Annahme oder ein Parameter im Modell ändert.

In einem quantitativen Modell mit vereinfachten und transparenten Zusammenhängen können verschieden Kooperations- und Marktmachtszenarien auf ihre Auswirkungen getestet werden. Über die Erarbeitung des Kooperationsindex im Verbund mit einer Literaturauswertung wurden verschiedene Kriterien erarbeitet, die zu den einzelnen Kooperationsszenarien führen.

Problem des Modells ist, dass die Kooperationsprobleme hier als „entweder-oder"-Entscheidung eingebaut wurden, d.h., dass ein Land entweder kooperiert oder eben nicht. Die Handlungsrationalitäten der Akteure, warum sie (nicht-)kooperieren oder in welcher Hinsicht sie (nicht-)kooperieren, können nicht dargestellt werden, ohne das Modell mit einem handlungstheoretisch begründeten Akteursmodell zu koppeln. Dies ist ein weiterer Schritt in der hier vorgelegten Richtung, schwierig quantifizierbare Daten in quantitative ökonomische Modelle zu integrieren.

Im Vergleich zu technisch orientierten Strommarktmodellen wurden der Handel und die Verteilung der Netzwerkkapazitäten stark vereinfacht abgebildet. Es wurde auch angenommen, dass sich die Ausübung von Marktmacht nur aufgrund der Marktanteile ableiten lässt. Tatsächlich spielen für dieses Problem noch andere technologische und organisatorische Aspekte eine wichtige Rolle (Cardell 1997, Overbye 2001). Ebenso wurde der Übertragungsnetzbetreiber nicht explizit als eigener Akteur modelliert (wie z.B. bei COMPETES, Lise und Hobbs 2005). Aufgrund des besonderen Fokus auf die Einbeziehung der Kooperationsprobleme und der Besonderheiten des Untersuchungsgebietes im Vergleich z.B. zur EU lässt sich diese Schwerpunktsetzung begründen.

Aus der Sensitivitätsanalyse lässt sich schließen, dass sich das Modell bezüglich der meisten Parameterveränderungen robust verhält. Dies gilt allerdings nicht für den wichtigen Parameter „Preiselastizitäten der Nachfrage". Es hat sich gezeigt, dass eine kleine Veränderung der Elastizitäten in dem MONO-Fall dazu führt, dass die Preise um ein Mehrfaches steigen. Da diese Problematik aber allgemein für Cournot-Gleichgewichtsmodelle gilt, sollen die Aussagen aufgrund der Modellergebnisse insgesamt als belastbar eingeschätzt werden.

Eine Verwendung der Ergebnisse des Modells sollte aber trotzdem nur unter Nennung wichtiger kritischer Nebenbedingungen erfolgen, z.B. hinsichtlich der gerade beschriebenen Vereinfachungen oder der Schätzung der Parameter zu Elastizitäten und Kosten. Außerdem sollten numerische Ergebnisse nur grob gerundet benutzt werden, um nicht eine Exaktheit vorzutäuschen, die aufgrund der Schätzung von Eingangsparametern nicht möglich ist. Unabhängig davon erscheint der verfolgte Ansatz der Einbeziehung qualitativer politischer und soziokultureller Parameter in ökonomische Modellierungen ein Erfolg versprechendes Modell, zu dem weitere Forschungen erfolgen sollten.

Anhang A: GAMS-Modell

Der Quelltext für das GAMS-Modell wird nachfolgend in Ausschnitten wiedergegeben, um den Aufbau des Modells zu verdeutlichen. Aus Gründen der verbesserten Übersicht werden die Daten der Parameter nicht aufgeführt, sofern sie schon in Kapitel 7 beschrieben wurden. Außerdem werden die Gleichungen für die Berechnung von Durchschnittspreisen, -mengen sowie Kosten und den daraus folgenden Wohlfahrtsverlusten nur exemplarisch für den REF-Fall gezeigt

```
$title  Strommarkt Südosteuropa STROMSOE, von Marion Hitzeroth April 2010


SETS
        l       Last            /base, peak/
        fg      Stromerzeugungsunternehmen
          /   KESH,EPBiH, EPHZHB, ERS, NEK, HEP, ELEM, EPCG,  Hidroelectrica,
              Nuclearelectrica, Termoelectrica, EPSe, KEK/
        i       Erzeugungstechnologien
                /Hydro, Nuklear, TPPlignit, TPPkohle, TPPgas_oil/
        r       Länder
                /Albanien, BiH, Bulgarien, Kroatien, Mazedonien, Rumaenien, Serbien/
        fgr(fg,r) Länder sind mit Unternehmen verbunden
                /(KESH).Albanien,
                (EPBiH, EPHZHB, ERS).BiH,
                (NEK).Bulgarien,
                (HEP).Kroatien,
                (ELEM).Mazedonien,
                (Hidroelectrica, Nuclearelectrica, Termoelectrica).Rumaenien,
                (EPCG, EPSe, KEK).Serbien/


        fgi(fg,i)  Firmen abhängig von i
                /KESH.(Hydro,TPPgas_oil),
                EPBiH.(Hydro,TPPkohle),
                EPHZHB.(Hydro),
                ERS.(Hydro,TPPkohle),
                NEK.(Hydro,Nuklear,TPPkohle,TPPgas_oil),
                HEP.(Hydro,Nuklear,TPPkohle,TPPgas_oil),
                ELEM.(Hydro,TPPkohle,TPPgas_oil)
                EPCG.(Hydro,TPPLignit),
                Hidroelectrica.(Hydro),
                Nuclearelectrica.(Nuklear),
                Termoelectrica.(TPPkohle,TPPgas_oil)
                EPSe.(Hydro,TPPLignit,TPPgas_oil)
                KEK.(Hydro,TPPLignit)/


        fringe(fg)  Competitive fringes (z.B. für KOOP_S1)
/KESH, EPBiH, EPHZHB, HEP, ERS, ELEM, EPCG, Hidroelectrica,Nuclearelectrica, KEK /


        link(r,r)    Länder die miteinander handeln
        ftrade(fg,r) Land mit dem fg handeln kann
        rtrade(r,r)  Länder die miteinander handeln können
        SCENS        Szenarien    /REF,COMP,INTEG,MONO,KOOP_S1/
        SCEN(SCENS)
```

```
        coop (r)      Länder die kooperieren (z.B. für KOOP_S1)
                      /Bulgarien, Rumaenien/;
ALIAS (f,fg,gg), (r,rs,rrr);


PARAMETERS
        cgv(i,r)        Variable Kosten in EuroMWh
        d0(r,l)         Referenznachfrage in GW
        p0(r,l)         Referenzpreise in EuroMWh
        e(r,l)          Nachfrageelastizität
        ls(r,rs)        Transporverluste
        h(l)            Belastungsstunden
        transc(r,rs)    Transferkapazitäten
        transcalt(r,rs) Transferkapazitäten alt
        qmax(i,f)       Kapazitätsgrenze für Produktion
        qmax1(r)        Kapazitätsgrenze für Produktion pro Land
        xi(f,l)         Marktmacht-Aufschlag
        exq(r)          Exportkoeffizient
        imq(r)          Referenzimporte
        ko1 (r)         Kooperationsmultikplikator 1
        ko2 (r)         Kooperationsmultikplikator 2
        zp(r)           Zahlungsprobleme        ;


************************
*Daten für Parameter, die nicht oder nicht in dieser Form im Promotionsbericht, Kapitel 7
erläutert werden:
************************


************************
*Stromverluste, aufaddiert für jede Länderkombination, die miteinander handeln kann
************************


Table ls(r,rs)
            Albanien  BiH  Bulgarien  Kroatien  Mazedonien  Rumaenien  Serbien
Albanien      0.36                                                      0.52
BiH                   0.17            0.34                               0.33
Bulgarien                   0.11                 0.34        0.21        0.27
Kroatien              0.34            0.17                               0.33
Mazedonien                  0.34                 0.23                    0.39
Rumaenien                   0.21                             0.10        0.26
Serbien       0.52    0.33   0.27    0.33        0.39        0.26        0.16  ;


************************
*Ex- und Importkoeffizienten, definiert als Export_2005/Nachfrage_2005 bzw. Import_2005/
Nachfrage_2005 (siehe Kapitel 7)
************************
Parameter exq (r)


/Albanien      0.13
BiH            0.29
Bulgarien      0.19
Kroatien       0.74
Mazedonien     0.12
Rumaenien      0.08
```

```
Serbien          0.20/
;


Parameter imq (r)

/Albanien        0.23
BiH              0.18
Bulgarien        0.02
Kroatien         1.17
Mazedonien       0.35
Rumaenien        0.03
Serbien          0.23 /
;



transc(r,r)   = 1000;
ftrade(f,r) = no;
*Handel ist nur möglich zwischen Unternehmen benachbarter Länder
loop((fg,rs,r), if((transc(rs,r) gt 0.00001), ftrade(fg,r)$fgr(fg,rs) = yes));


* Der Fringe kann nur im Heimatland anbieten
loop((fg,r),    if(fringe(fg), ftrade(fg,r)$(not fgr(fg,r)) = no));
rtrade(r,rs) = no;


* Handel ist nur möglich zwischen angrenzenden Ländern
loop((r,rs), if((transc(r,rs) gt 0.00001), rtrade(r,rs) = yes));


positive variables
        q(i,fg,r,l)          Produktion
        sph(r,rs,l)          Schattenpreis der Beschränkung der Transferkapazität
        spk(i,fg,l)          Schattenpreis der Beschränkung der Erzeugungskapazität
        s(fg,r,l)            Angebot
        ans(fg,r,l)          Marktanteil
        p(r,l)               Preis              ;


variable
        nh(r,rs,l)           Nettohandel  ;


equations
        KKTZielfunktion(i,fg,r,l)   KKT-Bedingung für Zielfunktion
        KKTHandbeschr(r,rs,l)       KKT-Bedingung für Handelsbeschränkung
        KKTHandbeschr_ref(r,rs,l)   KKT-Bedingung für Handelsbeschränkung im REF-Fall
        KKTKapbeschr(i,fg,l)        KKT-Bedingung für Kapitalbeschränkung
        Angebot(fg,r,l)            Definition Angebot
        Marktanteil(fg,r,l)        Marktanteil INTEG-Fall
        Marktanteil1(fg,r,l)       Marktanteil MONO-Fall
        Marktanteil2(fg,r,l)       Marktanteil KOOP-Fall
        Marktraeumung(r,l)         Markträumung
        Marktraeumung_ref(r,l)     Markträumung REF-Fall
        Nettohandel(r,rs,l)        Nettohandel
                    ;


KKTZielfunktion(i,fg,r,l).. sum(rs$fgr(fg,rs), (ls(rs,r)-1)*zp(r)*p(r,l)*
                        (1-(ans(fg,r,l)/e(r,l))*xi(fg,l))
```

```
                                  + (1-ls(rs,rs))*sph(rs,r,l)+ cgv(i,rs))+ spk(i,fg,l)
                                  =l= 0;


Nettohandel1(rs,r,l)..        exq(r)*sum((i,fg)$fgr(fg,rs),(1-ls(rs,rs))*q(i,fg,r,l))-
                              imq(r)*sum((i,fg)$fgr(fg,r),(1-ls(r,r))*q(i,fg,rs,l))   =e=
                              x(rs,r,l);


Nettohandel2(rs,r,l)..         exq(r)*sum((i,fg)$fgr(fg,rs),(1-ls(rs,rs))*q(i,fg,r,l))
                              *(p(r,l)/p(rs,l))-imq(r)*sum((i,fg)$fgr(fg,r),
                              (1-ls(r,r))*q(i,fg,rs,l))*(p(rs,l)/p(r,l))   =e= x(rs,r,l);


Nettohandel3(rs,r,l)..        [exq(r)*sum((i,f)$local(f,rr),(1-lambda(rr,rr))*q(i,f,r,l))
                              *(p(r,l)/p(rr,l))]*ko1(r)
                              +[exq(r)*sum((i,f)$local(f,rr),
                              (1-lambda(rr,rr))*q(i,f,r,l))]*ko2(r)
                              -[imq(r)*sum((i,f)$local(f,r),
                              (1-lambda(r,r))*q(i,f,rr,l))*(p(rr,l)/p(r,l))]*ko1(r)
                              -[imq(r)*sum((i,f)$local(f,r),
                              (1-lambda(r,r))*q(i,f,rr,l))]*ko2(r)   =e= x(rr,r,l);


KKTHandbeschr(rs,r,l)..    transc(rs,r) =g= nh(r,rs,l);


KKTKapbeschr(i,fg,l)..      -sum(r,q(i,fg,r,l)) + qmax(i,fg) =g= 0;


Angebot(fg,r,l)..          s(fg,r,l) =e= (1-sum(rs$fgr(fg,rs),ls(rs,r)))*sum(i,q(i,fg,r,l));


Marktanteil1(fg,r,l)..    ans(fg,r,l)*sum((i,gg,rs)$fgr(gg,rs),(1-ls(rs,r))*q(i,gg,rs,l))
                           =e= sum(rrr$fgr(fg,rrr),(1-ls(rrr,r)))*sum(i,q(i,fg,r,l));


Marktanteil2(fg,r,l)..    ans(fg,r,l)*sum((i,gg,rs)$fgr(gg,rs),(1-ls(rs,r))*q(i,gg,r,l))
                           =e= sum(rrr$fgr(fg,rrr),(1-ls(rrr,r)))*sum(i,q(i,fg,r,l));


Marktanteil3(fg,r,l)  ..  ans(fg,r,l)*[sum((i,gg,rs)$fgr(gg,rs),
                           sum((i,gg,rs)$fgr(gg,rs),(1-ls(rs,r)) *q(i,gg,rs,l))$(coop(r))]
                           =e= sum(rrr$fgr(fg,rrr),(1-ls(rrr,r)))*sum(i,q(i,fg,r,l));


Marktraeumung(r,l).. sum(fg,(1-sum(rs$fgr(fg,rs),ls(rs,r))) *sum(i$fgi(fg,i),q(i,fg,r,l))
                      $(fgr(fg,r)))-(sum(rs$rtrade(r,rs),ex(r,rs,l))
                      -sum(rs$rtrade(r,rs),im(r,rs,l)))
                      =e= d0(r,l)*(p(r,l)/p0(r,l))**(-e(r,l));


Marktraeumung_ref(r,l).. sum(fg,(1-sum(rs$fgr(fg,rs),ls(rs,r))) *sum(i,q(i,fg,r,l)))
                         -(sum(rs$rtrade(r,rs),ex(r,rs,l))-sum(rs$rtrade(r,rs),im(r,rs,l)))
                         =e= d0(r,l);


model STROMSOEREF   /KKTZielfunktion.q, KKTHandbeschr.sph, Angebot.s, Marktanteil1.ans,
                    Marktraeumung_ref.p, KKTKapbeschr.spk, Nettohandel1.nh/;
model STROMSOE      /KKTZielfunktion.q, KKTHandbeschr.sph, Angebot.s, Marktanteil1.ans,
                    Marktraeumung.p, KKTKapbeschr.spk, Nettohandel2.nh/;
model STROMSOEMONO /KKTZielfunktion.q, KKTHandbeschr.sph, Angebot.s, Marktanteil2.ans,
                    Marktraeumung.p, KKTKapbeschr.spk, Nettohandel1.nh/;
model STROMSOEKOOP /KKTZielfunktion.q, KKTHandbeschr.sph, Angebot.s, Marktanteil3.ans,
                    Marktraeumung.p, KKTKapbeschr.spk, Nettohandel3.nh/;
```

```
*Parameter für die Ergebnisdarstellung

parameters
          cm(f)              Grenzkosten
          cm1(i,f,r,l)       Grenzkosten
          qmaxh(i,f)         Maximale Kapazität
          quse(i,l)          Technologieausnutzung
          cmav(r,l,*)        Durchschnittliche Grenzkosten der Produktion
          cmavr(r,*)         Durchschnittliche Produktionsgrenzkosten
          cmall(f,*)         Grenzkosten
          cmavall(*)         Grenzkosten in allen Fällen
          sphav(r,l,*)       Durchschnittlicher Schattenpreis der Handelsbeschränkung
          sphavr(r,*)        Durchschnittlicher Schattenpreis der Handelsbeschränkung
          spkav(r,l,*)       Durchschnittlicher Schattenpreis der Kapazitätsbeschränkung
          spkavr(r,*)        Durchschnittlicher Schattenpreis der Kapazitätsbeschränkung
          cmavr(r,*)         Durchschnittliche Produktionsgrenzkosten
          pall(r,*)          Preise in allen Fällen
          plall(r,l,*)       Preise in allen Fällen nach Belastung
          pavall(*)          Durchschnittspreis in allen Fällen
          pavlall(l,*)       Durchschnittspreis in allen Fällen nach Belastung
          sall(r,*)          Angebot in allen Fällen
          slall(r,l,*)       Angebot in allen Fällen nach Belastung
          cmall(f,*)         Grenzkosten
          cmavall(*)         Grenzkosten in allen Fällen
          quseall(i,l,*)     Technologieausnutzung
          wvl(*)             Durchschnittlicher gewichteter Wohlfahrtsverlust
          scomp(f,r,l)       Angebot im Wettbewerbsfall
          nhtrade(r,rr,*)    Nettohandel
          nhtradeall(r,*)    Nettohandel pro Land


****************************************************************
* Referenzfall (REF)
****************************************************************
SCEN(SCENS)   = NO;
SCEN(,REF`)   = YES;
xi(fg,l)         = 0;
q.up(i,fg,r,l) = qmax(i,fg);
q.up(i,fg,r,l)$(not ftrade(fg,r)) = 0;
p.l(r,l)      = p0(r,l);
p0(r,l)       = 999999;


solve STROMSOEREF using mcp;
*Gleichungen zur Ergebnisdarstellung, hier beispielhaft für den REF-Fall, gilt auch für
alle anderen Fälle
p0(r,l)             = p.l(r,l);
ans.l(fg,r,l)       = s.l(fg,r,l)/(sum(fg,s.l(fg,r,l))+0.0000001);
scomp(fg,r,l)       = s.l(fg,r,l);
qmaxh(i,fg)         = qmax(i,f);
loop((i,fg),if (qmaxh(i,fg) = 0, qmaxh(i,fg)=0.000000001));
quse(i,l)           = sum((fg,r),q.l(i,fg,r,l))/sum(fg,qmaxh(i,fg));
plall(r,l,SCEN)     = p.l(r,l);
pall(r,SCEN)        = sum((fg,l),  h(l)*p.l(r,l)*s.l(fg,r,l))/sum((fg,l),  s.l(fg,r,l)*h(l));
pavlall(l,SCEN)     = sum((fg,r),  h(l)*p.l(r,l)*s.l(fg,r,l))/sum((fg,r),  s.l(fg,r,l)*h(l));
pavall(SCEN)        = sum((fg,r,l),h(l)*p10(r)*s.l(fg,r,l))/sum((fg,r,l),s.l(fg,r,l)*h(l));
```

```
slall(r,l,SCEN)     = sum(fg,h(l)*s.l(fg,r,l))/1000;
sall(r,SCEN)        = sum((fg,l),h(l)*s.l(fg,r,l))/1000;
nhtrade(r,rs,SCEN)  = sum(l,h(l)*nh.l(r,rs,l))/1000;
nhtradeall(r,SCEN)  = sum((rs,l),h(l)*nh.l(r,rs,l))/1000;
quseall(i,l,SCEN)   = quse(i,l);
cml(i,fg,r,l)       = p.l(r,l)*(1-(ans.l(fg,r,l)/e(r,l))*xi(f,l))
                      - sum(rr$(fgr(fg,rs)*link(r,rs)),sph.l(rs,r,l))
                      - (spk.l(i,fg,l))
                      /(1-sum(rr$fgr(fg,rs),ls(rs,r)));
cm(f)=           sum((i,r,rs,l)$fgr(fg,rs),cml(i,f,r,l)*
             (1-ls   (rr,r))*q.l(i,f,r,l)*h(l))/
             (sum((i,r,rs,l)$fgr(fg,rs),(1-ls(rs,r))*q.l(i,fg,r,l)*h(l))+0.00000001);
cmav(r,l,SCEN)      = sum((i,fg,rs)$fgr(fg,rs),(1-ls(rs,r))*q.l(i,fg,r,l)*cml(i,fg,r,l))
                      /sum((i,fg,rs)$fgr(fg,rs),(1-ls(rs,r))*q.l(i,fg,r,l));
sphav(r,l,SCEN)     = sum((fg,rs)$fgr(fg,rs),s.l(fg,r,l)*sph.l(rs,r,l)) /
                      sum((fg,rr)$fgr(fg,rs),s.l(fg,r,l));
sphavr(r,SCEN)      =  sum((fg,l),h(l)*s.l(fg,r,l)*sphav(r,l,SCEN)) /
                      sum((f,l),h(l)*s.l(fg,r,l));
spkav(r,l,SCEN)=   sum((i,f,rs)$fgr(fg,rs),q.l(i,fg,r,l)* spk.l(i,fg,l))/
                   sum((i,fg,rs)$fgr(fg,rs),(1-ls(rs,r))*q.l(i,fg,r,l));
spkvr(r,SCEN)       = sum((fg,l),h(l)*s.l(fg,r,l)*spkav(r,l,SCEN)) /
                      sum((fg,l),h(l)*s.l(fg,r,l));
wvl(SCEN)           = sum((fg,r,l),h(l)*(p.l(r,l) - cmav(r,l,SCEN))
                      *(scomp(fg,r,l)-s.l(fg,r,l))/2000);

display plall, pall, pavall, slall, sall, quse, quseall, nhtrade, nhtradeall, wvl,
tauav, tauavr, muav,muavr;
'

*******************************************************************
* Fall des freien Wettbewerbs (COMP)
*******************************************************************
SCEN(SCENS)    = NO;
SCEN(,COMP')   = YES;


p.lo(r,l)      = 1;
p.up(r,l)      = inf;
ko1(r)=1;
ko2(r)=0;



solve STROMSOE using mcp;


*******************************************************************
* Fall des Strategischen Verhaltens bei integriertem Markt (INTEG)
*******************************************************************
SCEN(SCENS)    = NO;
SCEN(,INTEG')  = YES;


xi(f,l)$(not fringe(f))  = 1;



solve STROMSOE using mcp;
```

```
**************************************************************************
* Fall des Strategischem Verhaltens bei Monopol Markt (MONO):
**************************************************************************
SCEN(SCENS)    = NO;
SCEN(,MONO')   = YES;
p.up(r,l)=pup(r);
xi(f,l)   = 1;

solve STROMSOEMONO using mcp;


**************************************************************************
* Fall des Strategischen Verhaltens bei Kooperationsproblemen (KOOP_S1):
**************************************************************************
SCEN(SCENS)     = NO;
SCEN(,KOOP_S1') = YES;

xi(fg,l)$(not fringe(fg))  = 1;
ko2(r)$(not coop(r))=1;
ko2(r)$(coop(r))=0;
ko1(r)$(not coop(r))=0;
ko1(r)$(coop(r))=1;

solve STROMSOEKOOP using mcp;


* Für alle anderen Kooperationsfälle wird das set „coop" sowie das set „fringe"
entsprechend der Vorgaben angepasst
```

Anhang B: Tabellen

Tabelle 42: STROMSOE-Modellergebnisse: Mengen in TWh nach Belastung

	COMP	INTEG	MONO
Albanien_base	0,8	0,7	0,9
Albanien_peak	1,9	1,9	1,9
BiH_base	3,5	4,3	2,9
BiH_peak	3,7	3,2	3,1
Bulgarien_base	30,7	18,9	30,4
Bulgarien_peak	13,8	10,2	1,8
Kroatien_base	6,3	6,3	6,5
Kroatien_peak	3,6	3,6	3,7
Mazedonien_base	3,1	3,1	3,0
Mazedonien_peak	1,9	1,9	1,9
Rumänien_base	40,0	39,5	39,7
Rumänien_peak	14,1	13,5	14,1
Serbien_base	14,9	14,3	14,2
Serbien_peak	12,4	10,9	12,8

Tabelle 43: STROMSOE-Modellergebnisse: Nettohandel in TWh

Land	COMP	INTEG	MONO
Albanien	-0,9	-0,6	-0,3
BiH	-1,1	0,2	1,6
Bulgarien	8,5	1,3	-0,1
Kroatien	-4,3	-4,3	-1,2
Mazedonien	-1,0	-1,0	-0,1
Rumänien	2,2	2,7	0,9
Serbien	1,7	3,2	0,7

Tabelle 44: STROMSOE-Modellergebnisse: Schattenpreise der Erzeugungskapazität in Euro/MWh

Land	COMP	INTEG	MONO
Albanien	7,6	14,7	23,7
BiH	5,9	4,8	24,4
Bulgarien	11,5	20,2	24,9
Kroatien	3,0	0,01	31,4
Mazedonien	1,5	0,6	34,5
Rumänien	3,1	2,1	22,1
Serbien	13,9	17,8	22,5

Literaturverzeichnis

ABERLE, G. (1992): Wettbewerbstheorie und Wettbewerbspolitik. 2. Auflage, Stuttgart, Kohlhammer

ALAM, A. ET AL. (2005): Growth, Poverty, and Inequality- Eastern Europe and the Former Soviet Union. The International Bank for Reconstruction and Development/ The World Bank, Washington DC

ALTMANN, F.-L. (2007): Südosteuropa und die Sicherung der Energieversorgung der EU. Stiftung Wissenschaft und Politik, Deutsches Institut für internationale Politik und Sicherheit, SWP-1, Berlin

ANASTASAKIS, O. & BOJICIC-DZELILOVIC, V. (2002): Balkan Regional Cooperation & European Integration. The Hellenic Observatory, The London School of Economics and Political Science

ANASTASAKIS, O. (2008): Balkan Regional Cooperation: The Limits of a Regionalism Imposed from Outside. In: PETRITSCH, W. & SOLIOZ, C. (EDS.)(2008): Regional Cooperation in South East Europe and Beyond. Baden-Baden, Kohlhammer

ANDROCEC, I. & VISKOVIC, A. (2004): Croatian Electricity Market Model in European Environment. 15th IASTED International Conference Modelling and Simulation

APFELBECK, J. ET AL. (2005): EMELIE-NET, a Game Theoretic Approach Including PTDF. Centre for Network Industries & Infrastructure, TU Berlin

BACON, R. W. & BESANT-JONES, J. (2001): Global Electric Power Reform, Privatisation and Liberalization of the Electric Power Industry in Developing Countries. Annual Reviews Energy & the Environment: 26: 331-359, The World Bank, Washington DC

BAJS, D. (2003): South-East Europe Transmission System Planning Project. IEEE PES General Meeting 2003, July 13-17 2003, Proceedings, Toronto, Canada

BANDTE, H. (2007): Komplexität in Organisationen, Organisationstheoretische Betrachtungen und agentenbasierte Simulation. Wiesbaden, Deutscher Universitäts-Verlag

BARTLETT, W. (2008): Europe's Troubled Region, Economic Development, Institutional Reform and Social Welfare in the Western Balkans. London and New York, Routledge Studies in Development Economics

BARTLETT, W. (2009): Regional Integration and Free-trade Agreements in the Balkans: Opportunities, Obstacles and Policy Issues. Economic Change and Restructuring: 42: 25-46

BECHEV, D. (2006): Carrots, Sticks and Norms: the EU and Regional Cooperation in Southeast Europe. Journal of Southern Europe and the Balkans: 8(1): 27-43

BELL, J. D. (1998): Bulgaria in Transition: Politics, Economics, Society and Culture after Communism. Boulder, CO, Westview Press

BESANT-JONES, J. (2006): Reforming Power Markets in Developing Countries: What Have We Learned? Energy and Mining Sector Board, Discussion Paper No. 19, Worldbank

BESTER, H. (2004): Theorie der Industrieökonomik. 3. Auflage, Berlin, Heidelberg, Springer Verlag

BIERMANN, R. (1999): The Stability Pact for South Eastern Europe - Potential, Problems and Perspectives. Discussion Paper C56, Zentrum für Europäische Integrationsforschung, Rheinische Friedrich-Wilhelms-Universität Bonn

BIGANO, A. & PROOST, S. (2003): The Opening of the European Electricity Market and Environmental Policy: Does the Degree of Competition Matter? Energy, Transport and Environment Working Papers Series 03-15, Center for Economic Studies - Katholieke Universiteit Leuven

BJELIĆ, D. I. (2002): Blowing Up the „Bridge". In: BJELIĆ, D. I. & SAVIC, O. (2002): Balkan as Metaphor. Cambridge, MIT Press

BÖHME, G. (1976): Quantifizierung- Metrisierung, Versuch einer Unterscheidung erkenntnistheoretischer und wissenschaftstheoretischer Momente im Prozess der Bildung von quantitativen Begriffen. Zeitschrift für allgemeine Wissenschaftstheorie VII/2, Wiesbaden, Franz Steiner Verlag GmbH

BOISSELEAU, F. & HEWICKER, C. (2004): European Electricity Market Design and its Impact on Market Integration. The European Electricity Market – Challenge of the Unification Conference, 20-22 September 2004, Lodz, Poland, Conference Proceedings

BORENSTEIN, S. & BUSHNELL, J. (2000): Electricity Restructuring: Deregulation or Reregulation? Regulation Magazine: 23(2): 46-52

BORTZ, J. & DÖRING, N. (2006): Forschungsmethoden und Evaluation für Human- und Sozialwissenschaftler. 4. Auflage, Heidelberg, Springer Verlag

BOSSEL, H. (2004): Systeme, Dynamik, Simulation: Modellbildung, Analyse und Simulation Komplexer Systeme. Norderstedt, Books on Demand

BOUCHER, J. & SMEERS, Y. (2001): Towards a Common European Electricity Market – Paths in the Right Direction … Still Far from an Effective Design. Harvard Kennedy School

BOWER, J., BUNN, D. W. & WATTENDRUP C. (2001): A Model-based Analysis of Strategic Consolidation in the German Electricity Industry. Energy Policy: 29: 987–1005

BREZINSCHEK, P. (2005): Wirtschaftsaussichten und Kapitalmärkte in Südosteuropa. In: DAXNER, M. ET AL. (2005): Bilanz Balkan. Schriftenreihe des österreichischen Ost- und Südosteuropa-Instituts Band 30, Wien, Verlag für Geschichte und Politik

BRODBECK, K.-H. (1998): Die fragwürdigen Grundlagen der Ökonomie, eine philosophische Kritik der modernen Wirtschaftswissenschaften. Darmstadt, Wissenschaftliche Buchgesellschaft

BRUNEKREEFT, G. (2003): Regulation and Competition Policy in the Electricity Market – Economic Analysis and German Experience. Freiburger Studien zur Netzökonomie Band 9, Baden-Baden, Nomos

BRUNEKREEFT, G., NEUHOFF, K. & NEWBERY, D.M. (2005): Electricity Transmission: An Overview of the Current Debate. Utilities Policy: 13: 73-93

CARDELL, J.B.; HITT, C. C. & HOGAN, W. W. (1997): Market Power and Strategic Interaction in Electricity Networks. Resource and Energy Economics: 19: 109-137

CATE, A. TEN, LIJESEN, M. (2004): The Elmar Model: Output and Capacity in Imperfectly Competitive Electricity Markets. Number 94, CPB Memorandum CPB Netherlands, Bureau for Economic Policy Analysis

CONSENTEC (2004): Analysis of Cross-Border Congestion Management Methods for the EU Internal Electricity Market. Study Commissioned by the European Commission DG Energy and Transport, Aachen, London

CONSTANTINESCU, J. (2003): Romanian Electricity Sector Reform, Market Opening and Challenges. Transelectrica

COPPENS, F. & VIVET, D. (2004): Liberalisation of Network Industries: Is Electricity an Exception to the Rule? NBB Working Papers No. 59, National Bank of Belgium

DAXHELET, O. & SMEERS, Y. (2007): The EU Regulation on Cross-border Trade of Electricity: A Two-stage Equilibrium Model. European Journal of Operational Research: 181: 1396–1412

DELOITTE (2005): Review of the Electricity Sector in Ireland. Final Report

DIACONU, O., OPRESCU G. & PITTMANN, R. (2009): Electricity Reform in Romania. Utilities Policy: 17: 114–124

DIETZ, R. (1984): Die Energiewirtschaft in Osteuropa und der UdSSR. Wien, Heidelberg : Springer Verlag

DUBASH, N. K. (2001): The Public Benefits Agenda in Power Sector Reform. Washington DC, World Resources Institute

DUTHALER, C. L. (2007): Power Transfer Distribution Factors: Analyse der Anwendung im UCTE-Netz. D–ITET, EEH – Power Systems Laboratory, Masterarbeit, Eidgenössische Technische Hochschule Zürich

EBRD (2003): Can the Poor Pay for Power? The Affordability of Electricity in South East Europe. London, European Bank for Reconstruction and Development

EBRD (2004): Spotlight on South-eastern Europe, An Overview of Private Sector Activity and Investment. London, European Bank for Reconstruction and Development

EBRD (2007): Transition Report 2007. London, European Bank for Reconstrution and Development

EBRD (2008): Transition Report 2008. London, European Bank for Reconstruction and Development

EBRD (2009): Transition Report 2009. London, European Bank for Reconstruction and Development

ECRB (2008): ECRB Regional Market Development Report 2008. Vienna, ECRB Section of the Energy Community Secretariat

ECS (2006a): Albania - Country Report. Vienna, Energy Community Secretariat

ECS (2006b): Bosnia and Herzegovina – Country Report. Vienna, Energy Community Secretariat

ECS (2006c): UNMIK – Party Report. Vienna, Energy Community Secretariat

ECS (2007): Report on the Implementation of the Treaty. Vienna, Energy Community Secretariat

ECS (2008): Report on the Implementation of the Acquis Under the Treaty Establishing the Energy Community. Vienna, Energy Community Secretariat

ECS (2009a): Report on the Implementation of the Acquis under the Treaty Establishing the Energy Community, Status of Electricity and Gas Market Development, Annex 12. Vienna, Energy Community Secretariat

ECS (2009b): Report on the Implementation of the Acquis under the Treaty Establishing the Energy Community, Annex 1. Vienna, Energy Community Secretariat

ECS (2010): Stakeholders (letzte Änderung: 12.04.2010), online unter URL http://www.energy-community.org/portal/page/portal/ENC_HOME/ENERGY_COMMUNITY/ Stakeholders, (Zugriff am 12.04.2010), Vienna, Energy Community Secretariat

EFET (2006): Harmonising the Operation of European Wholesale Electricity Markets. Position Paper, Amsterdam, European Federation of Energy Traders

ENERGY COMMUNITY TREATY (2005): Treaty Establishing the Energy Community

ENERGY REGULATORY OFFICE (2005): Kosovo's Energy Sector Profile. Prishtina

ERGEG (2005): The Creation of Regional Electricity Markets. An ERGEG Discussion Paper for Public Consultation, Brussels

ERRANET (2009): Tariff Database. Online unter URL http://www.erranet.org/Products/TariffDatabase, (Zugriff am 10.09.2009)

ETSO (2005): Overview of Currently Applied Methods for Cross-Border Transmission Capacity Allocation in South-east Europe. Brussels

ETSO (2006): Current State of Balance Management in South East Europe. Document for the 8th Athens Forum Athens 22nd-23rd June 2006

EURELECTRIC (2002): Towards a pan-European Energy Market: Electricity Sector Reform in the Candidate Countries, Balkan Countries and the Russian Federation. Brussels

EUROPEAN COMMISSION (2003a): Regulation (EC) No 1228/2003 of the European Parliament and of the Council of 26 June 2003 on Conditions for Access to the Network for Cross-border Exchanges in Electricity. Official Journal of the European Union L 176/1 423

EUROPEAN COMMISSION (2003b): Communication from the Commission to the Council and the European Parliament on the Development of Energy Policy for the Enlarged European Union, its Neighbours and Partner Countries. COM(2003) 262 final/2

EUROPEAN COMMISSION (2003c): Energy Policy in South East Europe, Regional Approach to Energy Supply. Memo, Directorate General for Energy and Transport

EUROPEAN COMMISSION (2007): Screening Report Croatia, Chapter 15 – Energy.

EUROPEAN COMMISSION (2009): Schlussfolgerungen zu Bosnien und Herzegowina, Key Documents on Enlargement. Online unter http://ec.europa.eu/enlargement/pdf/key_documents/2009/conclusions_on_bih_de.pdf, (Zugriff am 21.03.2010)

FAN, S. & HYNDMAN, R.J. (2008): The Price Elasticity of Electricity Demand in South Australia and Victoria. Project 08/04 ESIPC and VenCorp, Monash University, Australia

FANKHAUSER, S. & TEPIC, S. (2005): Can Poor Consumers Pay for Energy and Water? An Affordability Analysis for Transition Countries. Working Paper No. 92, European Bank for Reconstruction and Development

FEKETE, K. ET AL. (2009): Influence of Cross-border Energy Trading on Prices of Electricity in Croatia. 6th International Conference on the European Energy Market, 27-29 May 2009, Leuven, Belgium

FERRIS, M. C. & MUNSON, T. S. (1998): Complementarity Problems in GAMS and the PATH Solver. Extended Version of a Talk Presented at CEFES '98, Cambridge, England

FERRIS, M.C. & PANG, J.S. (1997): Engineering and Economic Applications of Complementarity Problems. SIAM Review: 39 (4): 669-713

FEESS, E. (1997): Mikroökonomie: eine spieltheoretisch- und anwendungsorientierte Einführung. Marburg, Metropolis

FILIPOVIĆ, M. (2006): Importance of Institutional Development for Western Balkan Countries. 46th European congress of the Regional Science Association „Enlargement, Southern Europe & Mediterranean", Belgrade

FILIPOVIĆ, S. & TANIĆ, G. (2005): The Policy of Consumer Protection in the Electricity Market. Economic Annals: 53(178-179): 157-182

FIORIO, C. V., FLORIO M. & DORONZO, R. (2007): The Electricity Industry Reform Paradigm in the European Union: Testing the Impact on Consumers. UNIMI – Research Papers in Economics, Business, and Statistics, Working Paper 23

FUEST, C. & THÖNE, M. (2008): Staatsverschuldung in Deutschland: Wende oder Anstieg ohne Ende? FiFo-CPE Discussion Papers No. 08-2, Universität Köln

GAMS (2008): The Sover Manuals. GAMS Development Corporation, Washington DC

GANEV, P. (2009): Bulgarian Electricity Market Restructuring. Utilities Policy: 17: 65–75

GILBERT, G. N. & TROITZSCH, K. G.(1999): Simulation for the Social Scientist. Buckingham, Open University Press

GIORDANO, C. (2007) Privates Vertrauen und informelle Netzwerke: Zur Organisationskultur in Gesellschaften des öffentlichen Misstrauens, Südosteuropa im Blickpunkt. In: ROTH, K. (2007): Soziale Netzwerke und soziales Vertrauen in den Transformationsländern. Zürich, Berlin, Lit Verlag

GLIGOROV, V. (2004): The Economic Development in Southeast Europe after 1999/2000. Südosteuropa Mitteilungen: 4: 54-77

GRATWICK, K. N. & EBERHARD, A. (2008): Demise of the Standard Model for Power Sector Reform and the Emergence of Hybrid Power Markets. Energy Policy: 36: 3948–3960

GREEN, R. ET AL. (2006): Benchmarking Electricity Liberalisation in Europe. Cambridge Working Papers in Economics CWPE 0629

HAMMERMANN, F. & SCHWEICKERT, R. (2005): EU Enlargement and Institutional Development: How Far Away Are the EU's Balkan and Black Sea Neighbours? Kiel Working Paper No. 1261, Kiel Institute for World Economics

HAMMONS, T. J. (2004): Configuring the Power System and Regional Power System Developments in Southeast Europe. 39th Universities Power Engineering Conference, September 2004: 2: 1319-1326

HIIK (2006): Konfliktbarometer 2005. 14. jährliche Konfliktanalyse, Universität Heidelberg

HIIK (div.Jahrg.): Konfliktbarometer 1992-2004. Jährliche Konfliktanalyse, Universität Heidelberg

HOBBS, B. F. & HELMAN, U. (2004): Complementary-Based Equilibrium Modeling for Electric Power Markets. In: BUNN, D.W. (2004): Modeling Prices in Competitive Electricity Markets. Chicester, Jon Wiley & Sons

HOBBS, B. F. & RIJKERS, F. A. M. (2004): Strategic Generation With Conjectured Transmission Price Responses in a Mixed Transmission Pricing System—Part I: Formulation. IEEE Transactions on Power Systems: 19(2): 707-717

HOBBS, B. F., RIJKERS, F. A. M. & WALS, A. F. (2004): Strategic Generation With Conjectured Transmission Price Responses in a Mixed Transmission Pricing System—Part II: Application. IEEE Transactions on Power Systems: 19(2): 872-879

HORN, M., KEMFERT, C. & KALASHNIKOV, V. (2006): Can the German Electricity Market Benefit from the EU Enlargement? DIW Discussion Paper 632, Berlin

HÖSCH, E. (2002): Geschichte der Balkan-Länder – Von der Frühzeit bis zur Gegenwart. München, Verlag C.H. Beck

HÖSCH, E. (Hrsg.) (2004): Lexikon zur Geschichte Südosteuropas. Wien, Böhlau

IEA (2009): Energy Statistics of Non-OECD Countries, Edition 2008. IEA Statistics, Paris, International Energy Agency

IEA (2008): Energy in the Western Balkans - The Path to Reform and Reconstruction. Paris, OECD

JAMASB, T. & POLLITT, M. (2005): Electricity Market Reform in the European Union: Review of Progress toward Liberalization & Integration. The Energy Journal: 26: 11-41

JAMASB, T. ET AL. (2004): Electricity Sector Reform in Developing Countries: A Survey of Empirical Evidence on Determinants and Performance. Cambridge Working Papers in Economics CWPE 0439

JEDNAK, S. ET AL. (2009): Electricity Reform in Serbia. Utilities Policy: 17: 125–133

JOSKOW, P.L. (2006): Incentive Regulation in Theory and Practice: Electricity Distribution and Transmission Networks. Prepared for the National Bureau of Economic Research Economic Regulation Project

KAHN, E. P. (1998): Numerical Techniques for Analyzing Market Power in Electricity. The Electricity Journal: 11(6): 34-43

KAUFMANN, D. ET AL. (2006): Governance Matters V: Aggregate and Individual Governance Indicators for 1996-2005. The World Bank

KEMA CONSULTING (2005): Analysis of the Network Capacities and Possible Congestion of the Electricity Transmission Networks within the Accession Countries. Bonn

KEMFERT, C. & KALASHNIKOV, V. (2002): Economic Effects of the Liberalisation of the German Electricity Market – Simulation Results by a Game Theoretic Modelling tool. University of Oldenburg

KEMFERT, C.; BARBU, D. & KALASHNIKOV, V. (2003): Economic Effects of the Liberalization of the European Electricity Market – Simulation Results of a Game Theoretic Modelling Concept. Research Group S.P.E.E.D., University of Oldenburg

KENNEDY, D. (2003): Power Sector Regulatory Reform in Transition Economies: Progress and Lessons Learned. Working Paper No. 78, European Bank for Reconstruction and Development

KENNEDY, D. (2005): South East Europe Regional Energy Market: Challenges and Opportunities for Romania. Energy Policy: 33: 2202-2215.

KENNEDY, D. (2006): World Bank Framework for Development of a Power Market in South East Europe. Energy and Mining Sector Board Discussion Paper, Paper No. 15, The World Bank Group

KOVACEVIC, A. ET AL. (2007): Energy in South East Europe: A Legal Snapshot of Kosovo and Serbia. European Standards Series, European Movement in Serbia, Kosovar Institute for Policy Research and Development, Freedom House

KORIATOV, V. ET AL. (2004): Analysis of Economic and Financial Impacts of a Southeast-European Electricity Market. 6th IAEE European Conference on "Modeling in Energy Economics and Policy", September 2004

KRISTIANSEN, T. (2007): Cross-border Transmission Capacity Allocation Mechanisms in South East Europe. Energy Policy: 35: 4611–4622

LAMPE, J. R. (2006): Balkans into Southeastern Europe : a Century of War and Transition. New York, Palgrave Macmillan

LEITNER, S. & HOLZNER, M. (2008): Economic Inequality in Central, East and Southeast Europe. Intervention – European Journal of Economics and Economic Policy: 5(1): 155-188

LISE, W. & HOBBS, B.F. (2005): A Model of the European Electricity Market – What Can We Learn from a Geographical Expansion to EU20? Amsterdam, Energy Research Centre of the Netherlands (ECN)

LISE, W. & KRUSEMAN, G. (2008): Long-term Price and Environmental Effects in a Liberalised Electricity Market. Energy Economics: 30: 230–248, Amsterdam, Den Haag

LISE, W. & LINDERHOF, V. (2004): Electricity Market Liberalisation in Europe – Who's got the Power? R-04/03, Amsterdam, Vrije Universiteit

LISE, W. (2005): The European Electricity Market – What are the Effects of Market Power on Prices and the Environment? Paper Presented at EcoMod2005 International Conference on Policy Modeling, June 29 - July 2, 2005, Istanbul, Turkey

LISE, W. ET AL. (2006): A Game Theoretic Model of the Northwestern European Electricity Market—Market Power and the Environment. Energy Policy: 34: 2123–2136

LISE, W., KEMFERT, C. & TOL, R.S.J. (2003): Strategic Action in the Liberalised German Electricity Market. Nota di Lavoro 3.2003, Fondazione Eni Enrico Mattei

LOVEI, L. (2000): The Single-Buyer Model, A Dangerous Path toward Competitive Electricity Markets. Note Number 225, The World Bank Group Private Sector and Infrastructure Network

MANHART, K. (2007): Computermodelle in den Sozialwissenschaften/ Überblick, Probleme, Aussichten. Überarbeitete Fassung aus Dissertation „KI-Modelle in den Sozialwissenschaften", München, Oldenbourg-Verlag

MEEUS, L., PURCHALA, K. & BELMANS, R. (2005): Development of the Internal Electricity Market in Europe. The Electricity Journal: 18(6): 25-35

MUNGIU-PIPPIDI, A., MEURS, W. & GLIGOROV, V. (2007): State Building and Democratic Institutions in Southeastern Europe, Plan B – B for Balkans. Berlin/Nijmegen/ Vienna

NEUHOFF, K. ET AL. (2005): Network-constrained Cournot Models of Liberalized Electricity Markets: the Devil is in the Details. Energy Economics: 27: 495– 525

NEWBERY, D.M. (2002): Issues and Options for Restructuring Electricity Supply Industries. DAE Working Paper WP 0210, University of Cambridge, Department of Applied Economics

NOUTCHEVA, G. (2007): Fake, Partial and Imposed Compliance, The Limits of the EU's Normative Power in the Western Balkans. CEPS Working Document No. 274, Centre for European Policy Studies

OVERBYE, T.J. ET AL. (2001): Analysis and Visualization of Market Power in Electric Power Systems. Decision Support Systems: 30: 229–241

Perrels, A. & Kempii, H. (2003): Liberalised Electricity Markets - Strengths and Weaknesses in Finland and Nordpool. VATT-Research Reports, Helsinki, Government Institute for Economic Research

Pineau, P.-O. & Murto, P. (2003): An Oligopolistic Investment Model of the Finnish Electricity Market. Annals of Operations Research: 121(1-4): 123-148

Pollitt, M. (2009): Evaluating the Evidence on Electricity Reform: Lessons for the South East Europe (SEE) Market. Utilities Policy: 17: 13–23

Pöyry Energy Consulting (2009a): South East Europe Wholesale Market Opening. Report on Tasks 1-4, March 2009, London, Pöyry Energy Consulting und Oslo, Nord Pool Consulting

Pöyry Energy Consulting (2009b): South East Europe Wholesale Market Opening. Final Report, October 2009, London, Pöyry Energy Consulting und Oslo, Nord Pool Consulting

PriceWaterhouseCoopers (2004): REBIS: GIS, Volume 5: Generation & Transmission Appendices. The European Union's CARDS programme for the Balkan Region

Purchala, K. et al. (2005): Zonal Network Model of European Interconnected Electricity Network. CIGRE New Orleans Symposium October 2005

Ramskov, J. & Munksgaard, J. (2001): Elasticities – a Theoretical Introduction. Balmorel Project

Rapoport, A (1980): Mathematische Methoden in den Sozialwissenschaften. Würzburg, Wien, Physica-Verlag

Rosenthal, R.E. (2008): GAMS – A User's Guide. Tutorial, Washington DC, GAMS Development Corporation

Roth, K. (2005): Institutionelles und persönliches Vertrauen – Südosteuropa auf dem schwierigen Weg in die Europäische Union. In: Daxner, M. et al. (2005): Bilanz Balkan. Schriftenreihe des österreichischen Ost- und Südosteuropa-Instituts Band 30, Wien, Verlag für Geschichte und Politik

Sanfey, P. (2010): South-Eastern Europe: Lessons from the Global Economic Crisis. London, European Bank for Reconstruction and Development

Schappelwein, K. (1990): Energiewirtschaft Ost- und Südosteuropas. Berlin, Borntraeger

Schimank, U. (2005): Differenzierung und Integration der modernen Gesellschaft, Beiträge zur akteurzentrierten Differenzierungstheorie 1. Wiesbaden, Vs Verlag

Schmidt, H. (2005): Industrie hält die Strombörse für einen manipulierten Markt. F.A.Z., 08.07.2005, Nr. 156/ Seite 13

Scholl, B. (2009): Electricity Reform in Bosnia and Herzegovina. Utilities Policy: 17: 49–64

SEETEC (2006): Regional Activity REM-1202, Study of the Obstacles to Trade and Compatibility of Market Rules. SEETEC Consortium

Silva, P. et al. (2009): Poverty and Environmental Impacts of Electricity Price Reforms in Montenegro. Utilities Policy: 17: 102–113

Smith, A. (2002): Imagining Geographies of the 'New Europe': Geo-Economic Power and the New European Architecture of Integration. Political Geography: 21: 647–670

Steger, U. et al. (2008): Die Regulierung elektrischer Netze, Offene Fragen und Lösungsansätze. Ethics of Science and Technology Assessment, Volume 32, Berlin Heidelberg Springer Verlag

Sundhaussen, H. (2002): Was ist Südosteuropa und warum beschäftigen wir uns (nicht) damit? Südosteuropa Mitteilungen: 05-06: 92-105

Todorova, M.N. (2004): Introduction: Learning Memory, Remembering Identity. In: Todorova, M.N. (Hrsg.) (2004): Balkan Identities: Nation and Memory. London, C. Hurst & Co.

Traber, T. & Kemfert, C. (2007): Impacts of the German Support for Renewable Energy on Electricity Prices, Emissions and Profits: An Analysis Based on a European Electricity Market Model. Discussion Papers 712, DIW Berlin

UCTE (2006): Statistical Yearbook 2006. Brussels, Union for the Co-ordination of Transmission of Electricity

UCTE (2007): Statistical Yearbook 2007. Brussels, Union for the Co-ordination of Transmission of Electricity

Uvalic, M. (2001): Regional Cooperation in Southeastern Europe. Southeast Europe and Black Sea Studies: 1(1): 64-84

Vailati, R. (2009): Electricity Transmission in the Energy Community of South East Europe. Utilities Policy:17: 34–42

Ventosa, M. (2005): Electricity Market Modeling Trends. Energy Policy: 33: 897–913

VERHAEGEN, K. ET AL. (2006): Development of Balancing in the Internal Electricity Market in Europe. Electrotechnical Department ESAT-ELECTA, Belgium

VESELKA, T. D. (2005): Analysis of the Integration of Southeast European Electricity Market. Presented to Regional Power Trade Project Steering and Technical Committees Meeting, June 16th – 18th 2005, Mombasa, Kenya

VON DANNWITZ, T. (2006): Regulation and Liberalization of the European Electricity Market a German View. Energy Law Journal: 27: 423-450

VON HAGEN, J. & TRAISTARU, I. (2003): The South-East Europe Review 2002-2003, World Economic Forum

WAMUKONYA, N. (2003): Power Sector Reform in Developing Countries: Mismatched Agendas. Energy Policy: 31: 1273–1289

WEIDLICH, A. & VEIT, D. (2008): A Critical Survey of Agent-based Wholesale Electricity Market Models. Energy Economics: 30: 1728–1759

Zusammenfassung

Die Strommärkte befinden sich weltweit in einer Phase der Transformation von regulierten zu liberalisierten Märkten mit freiem Wettbewerb, da auf diese Weise erwartet wird, die Markteffizienz zu erhöhen. Außerdem gibt es Bestrebungen, nationale Märkte in einen gemeinsamen Strommarkt zu integrieren, um weitere Vorteile für Effizienz und Versorgungssicherheit zu generieren.

Bei der Liberalisierung kann es aber dazu kommen, dass kein freier Wettbewerb entsteht, sondern ein oder mehrere Unternehmen den Markt bzw. Mengen und Preise beeinflussen. Dies würde sich negativ auf die Effizienz und die soziale Wohlfahrt auswirken. Eine gelungene Marktintegration könnte in einem größeren Markt mehr Wettbewerbsdruck erzeugen. Bei der Integration von einzelnen, nationalen Strommärkten ist es aber notwendig, dass die jeweils beteiligten Institutionen miteinander kooperieren und sich auf harmonisierte Regeln für die Ausgestaltung der Strommärkte einigen.

Eine solche institutionelle Kooperation erweist sich allerdings in der Praxis als schwierig, insbesondere wenn die Ausgangsbedingungen in den betroffenen Ländern sehr heterogen sind. Deshalb wurde in der vorliegenden Arbeit die Frage untersucht, wie sich nicht-rationale institutionelle Kooperationsprobleme zwischen Akteuren nationaler Strommärkte auf deren Funktionsfähigkeit auswirken können. Als Untersuchungsgebiet wurde Südosteuropa ausgewählt, da dort einerseits gegenwärtig ein liberalisierter und integrierter Strommarkt nach dem Vorbild des EU-Strommarktmodells implementiert werden soll und andererseits die Kooperation aufgrund von historisch bedingten, institutionellen und wirtschaftlichen Problemen als besonders schwierig eingeschätzt wird.

Die Auswirkungen eines liberalisierten und integrierten Strommarktes in Südosteuropa wurden mittels eines partiellen Gleichgewichtsmodells, das für die Darstellung von strategischem Verhalten auf dem „Cournot-Wettbewerb" basiert, simuliert. Für die Kooperationsprobleme zwischen den Institutionen der einzelnen Länder wurde auf der Grundlage einer qualitativen Analyse ein Kooperationsindex entwickelt, auf dessen Grundlage verschiedene Kooperationsszenarien abgeleitet wurden. Für unterschied-

liche Kombinationen von (nicht-) kooperierenden Ländern bzw. deren Institutionen wurden im Modell Wettbewerbs- und Integrationsbedingungen variiert und auf diese Weise die Auswirkungen der Kooperationsprobleme abgeschätzt.

Im Ergebnis zeigt sich, dass bereits der Wettbewerbsfall zu steigenden Preisen in einigen Ländern führt, da in Südosteuropa die Strompreise häufig noch unter den Grenzkosten liegen. Besonders in den Fällen des strategischen Verhaltens kommt es dann zu Preisen, die die Wettbewerbspreise z.T. um ein Mehrfaches überschreiten, so dass erhebliche Wohlfahrtsverluste entstehen. Es kann gezeigt werden, dass die Wohlfahrtsverluste von Größe und räumlicher Lage der nicht-kooperierenden Länder abhängen. Diese Ergebnisse würden bei den derzeitigen niedrigen Durchschnittseinkommen in Südosteuropa zu erheblichen sozialen Problemen führen, so dass die Preise weiter subventioniert werden müssten. Das bedeutet aber, dass die notwendigen Investitionen in Erzeugungskapazitäten sowie Netzinfrastruktur nicht finanziert werden könnten. Diese werden allerdings für eine zukünftig steigende Stromnachfrage und für eine effizientere Stromerzeugung und -übertragung benötigt.

Aus diesen Gründen wird bezweifelt, dass das Modell der EU-Strommarktreform für die Länder Südosteuropas geeignet ist. Eine weitere Forcierung der Umsetzung der Reformen würde allerdings nicht unbedingt „echte" Erfüllung zur Folge haben, da durch die Konditionalisierung der Implementierung an einen EU-Beitritt bzw. eine EU-Annäherung „nur" eine externe Motivation zur Kooperation besteht, die aufgrund historisch bedingter und institutioneller Charakteristika nicht zu einer intern motivierten Kooperation und „echter" Reformerfüllung geführt hat. Deshalb besteht die Gefahr, dass die beschriebenen Probleme auf den Strommärkten in Südosteuropa langfristig bestehen bleiben. In einem weiteren Forschungsansatz wäre deshalb zu untersuchen, wie das EU-Modell an die Voraussetzungen in Südosteuropa anzupassen ist.

Die eingesetzte Methode zur Berücksichtigung von Kooperationsproblemen stellt einen Erfolg versprechenden Ansatz dar, um qualitative, politische und soziokulturelle Parameter in ökonomische Modellierungen einzubeziehen. Allerdings können die Handlungsrationalitäten der Akteure, warum sie (nicht-) kooperieren oder in welcher Hinsicht sie (nicht-) kooperieren, nicht dargestellt werden. Zur Lösung dieses Problems könnte das Modell in zukünftigen Arbeiten beispielsweise mit einem handlungstheoretisch begründeten Akteursmodell gekoppelt werden.

Abstract

All over the world, energy markets are undergoing a phase of transformation from regulated to liberalised markets with free competition as market efficiency is expected to be increased in this way. Beyond this, attempts are made to integrate national energy markets into one common electricity market in order to generate further advantages in the field of efficiency and security of energy supplies.

In the course of the liberalisation process, it may however arrive that instead of the development of free competition, one or several companies will influence the market or supply rates and prices. This would have negative effects on both efficiency and social welfare. A successful market integration in contrast could create a higher market pressure in a bigger market. During the integration process of individual national energy markets it is though essential that the respective participating institutions cooperate, agreeing on harmonised standards for the organisation of the energy markets.

In practice, however, such an institutional cooperation proves to be difficult, especially if the starting conditions in the participating countries are highly heterogeneous. This is why the present study analyses the question how non-rational, institutional cooperation problems between stakeholders of national energy markets may affect their functionality. As area of investigation, South East Europe was chosen as on the one hand, a liberalised, integrated energy market on the model of the EU energy market model is to be implemented in this region and on the other hand, the cooperation there is considered to be particularly difficult due to historically determined, institutional and economic problems.

The effects of a liberalised and integrated energy market in South East Europe have been simulated by means of a partial equilibrium model based on the "Cournot competition" for the representation of strategic comportment. To investigate the cooperation problems between the individual countries' institutions, a cooperation index has been developed on the basis of which different cooperation scenarios have been deduced. Four different scenarios of (non-)cooperating countries and their institutions respectively, competition and integration conditions have been varied in the model, thus evaluating the consequences of the cooperation problems.

As a result it turns out that the mere introduction of competition will lead to rising prices in some countries, as in South East Europe, electricity tariffs are often even below the marginal costs. Especially in the cases of strategic comportment, prices evolve which sometimes several times exceed the competition prices, resulting in considerable welfare losses. It could be demonstrated that welfare losses depend on the size and spatial location of the non-cooperating countries. Beyond the background of the currently low average incomes in South East Europe, this would generate considerable social problems, necessitating a further subvention of prices. This means however that the essential investments in generation capacities as well as in network infrastructure cannot be financed, although they are required to answer an increasing energy demand in future and to ensure a more efficient generation and transmission of energy.

For these reasons, it is doubted if the model of the EU energy market reform is adequate for the countries of South East Europe. Yet a further promotion of the reform's implementation would not necessarily result in "real" compliance, as the conditionalisation of the implementation as precondition for joining or rather approaching the EU has "only" generated an extrinsic motivation to cooperate which, due to historically determined and institutional characteristics, has neither lead to an intrinsically motivated cooperation nor a "real" reform compliance. That is why the risk exists that the described problems will persist on South East Europe energy markets in the long term. It should therefore be analysed in a different approach of research how the EU-model needs to be adapted to the requirements of South East Europe.

The applied method to incorporate cooperation problems represents a promising approach to include qualitative, political and socio-cultural parameters into economic modellings, though action rationalities of the actors, why they do (not) cooperate or in which respect they do (not) cooperate cannot be described. In order to solve this question, the model could for instance be combined with an action-theoretically derived stakeholder model in future research works.